# はじめに

　この本は「数学がちょっと苦手だな」□□□□□□□□□□びたいな」
と考えている人たちのために，中学2□□□□□□□□□□しく，そし
て得意になるようにつくりました。そのため，数学が苦手な人でも無理なく効
果的に学べるようにいろいろな工夫をしています。

　単元ごとに，「まずココ！」で，覚えておくべき用語・公式・定理をまとめ
ています。
　次に，「つぎココ！」で基本的な問題を書き込み式で解いていき，**覚えた公
式や定理の使い方のコツをつかめる**ようにしています。わかりにくいところや
まちがいやすいところはていねいに説明しているので，ここで解き方をしっか
り覚えましょう。
　その後，「基本問題」を例題の解き方と同じように解いてみてください。こ
のとき，途中の式もきちんと書く習慣をつけましょう。数学では，**問題を解い
ていく過程がとても大切**です。問題数も多くはないので，無理なくできるはず
です。
　「基本問題」を解き終えたら，別冊「解答」の解き方と比べてみてください。
解き方はくわしく書かれています。自分がどこでどのようにまちがったのかを
チェックしましょう。
　さらに，各章末の「確認テスト」で，自分の理解度を確認しましょう。
　この繰り返しで，必ずあなたの数学の問題を解く力はアップします。コツコ
ツとていねいに，この本を最後までやりとげてください。

　また，単元ごとにのせてある「もう一歩」や，章末の「これでレベルアップ」
のコーナーが，さらに実力をアップするのに，きっと役に立つはずです。

　さあ，いまのやる気を大切に数学の学習を始めましょう。この本があなたの
よきパートナーとなりますように。

# しくみと使い方

① 1回の単元の学習内容は2ページです。

覚えておきたい要点をまとめています。問題を解く前に確認しておきましょう。

例題を読んで、解き方の空いている所をうめていきましょう。

左のページの例題で学習したことをもとにして、解いてみましょう。答えは、別冊「解答」にのせています。

より理解を深めるための内容や、まちがいやすいポイントなどをのせています。

左ページの例題の答えをのせています。

② 章末には、章の内容を理解したかどうか確かめるための「**確認テスト**」があります。

わからなかったり、まちがったときは、示されたページに戻って、もう一度確認しましょう。

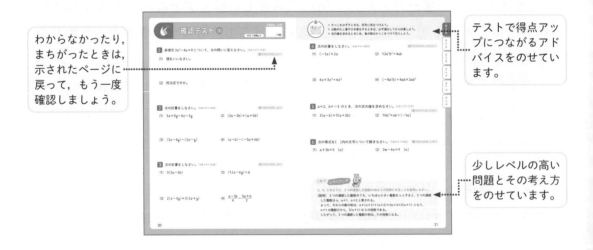

テストで得点アップにつながるアドバイスをのせています。

少しレベルの高い問題とその考え方をのせています。

③ 基本問題と確認テストの答えは**別冊「解答」**にのせています。

計算の過程や問題の解き方をくわしく解説しています。また、解き方のポイントやまちがいやすいことがらを「**ここに注意！**」として示しています。

# 目 次

# 1 第1章 式の計算
# 単項式と多項式

## まず ココ！ 要点を確かめよう

→ $3a$, $\frac{1}{4}x^2$ のように，数や文字の乗法だけでつくられた式を**単項式**といいます。

→ $2a+5$, $4x^2+3x-1$ のように，単項式の和の形で表された式を**多項式**といい，1つ1つの単項式を多項式の**項**といいます。

→ 単項式で，かけあわされている文字の個数をその式の**次数**といいます。多項式では，式の中の項の次数がもっとも大きいものを，多項式の**次数**といいます。

## つぎ ココ！ 解き方を覚えよう

**例題 1** 次の式について，それぞれ単項式か多項式かいいなさい。また，多項式はその項をいいなさい。

(1) $x^2y$        (2) $3x^2-5x+7$

(1) $x^2y = x \times \boxed{①} \times y$ と乗法だけの式になるので，$x^2y$ は $\boxed{②}$ です。

(2) $3x^2-5x+7 = \underline{3x^2} + (\boxed{③}) + \underline{7}$ と単項式の和の形で表されるので，

└─── 単項式 ───┘

$3x^2-5x+7$ は $\boxed{④}$ です。

また，$3x^2-5x+7$ の項は，$\underline{3x^2}$, $\boxed{③}$, $\underline{7}$ です。
                                                └─ 数だけのものも1つの項

**例題 2** 次の単項式と多項式の次数をいいなさい。

(1) $-5ab$        (2) $x^2y+3xy-6$

(1) $-5ab = -5 \times a \times b$ で，かけあわされている文字が $\boxed{①}$ 個あるので，次数は $\boxed{①}$

(2) $x^2y+3xy-6 = \underline{x \times x \times y} + \underline{3 \times x \times y} - \underline{6}$ で，項の中でもっとも大きい次数は $\boxed{②}$

                └ 次数3     └ 次数2   └ 次数0

なので，この式の次数は $\boxed{②}$

第 1 章
第 2 章
第 3 章
第 4 章
第 5 章
第 6 章

## 基 本 問 題　解答⇒別冊p.2

**1** 次の多項式の項をいいなさい。

(1) $3x+2y$

(2) $2a-5b-1$

(3) $xy^2-2x+y$

(4) $\dfrac{1}{2}a^2-3ab-\dfrac{3}{4}b^2$

**2** 次の単項式の次数をいいなさい。

(1) $5x^2$

(2) $3ab$

(3) $-\dfrac{2}{3}x^2y$

**3** 次の多項式の次数をいいなさい。

(1) $4a-3b$

(2) $5xy-3$

(3) $\dfrac{1}{4}m^2n-\dfrac{1}{3}mn+2$

もう一歩

### 次数が○の式は，○次式

単項式や多項式で，次数が 1 の式を 1 次式，次数が 2 の式を 2 次式といいます。

例　$3ab \longrightarrow$ 次数は 2 $\longrightarrow$ 2 次式

　　$x^3+4x-2 \longrightarrow$ 次数は 3 $\longrightarrow$ 3 次式

例題 の 答　**1** ①$x$　②単項式　③$-5x$　④多項式　**2** ①2　②3

# 2 第1章 式の計算
# 多項式の計算 ①

**まず ココ！** ▷ **要点を確かめよう**

- 文字の部分が同じである項を 同類項 といいます。
- 同類項は，次のように，分配法則 を使ってまとめることができます。

$$2x+5x=(2+5)x=7x$$

**つぎ ココ！** ▷ **解き方を覚えよう**

**例題 1** 次の式の同類項をまとめなさい。
(1) $8a-7b-2a+5b$　　　(2) $x^2-3x+2x^2-5x$

(1) $8a-7b-2a+5b$

$=8a-\boxed{①\phantom{00}}-\boxed{②\phantom{00}}+5b$ 　項を並べかえる／同類項をまとめる

$=(8-2)a+(-7+5)b$

$=\boxed{③\phantom{00}}a\boxed{④\phantom{00}}b$

(2) $x^2-3x+2x^2-5x$

$=x^2+\boxed{⑤\phantom{00}}-3x-\boxed{⑥\phantom{00}}$ 　項を並べかえる／同類項をまとめる

$=(1+2)x^2+(-3-5)x$

$=\boxed{⑦\phantom{00}}x^2\boxed{⑧\phantom{00}}x$

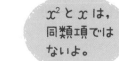

$x^2$ と $x$ は，
同類項では
ないよ。

**例題 2** 次の計算をしなさい。
(1) $(5x-3y)+(x-2y)$　　　(2) $(4a^2-2a)-(2a^2-5a)$

(1) $(5x-3y)+(x-2y)$

$=5x-3y+x-2y$ 　かっこをはずす

$=5x+x-3y-2y$ 　項を並べかえる

$=\boxed{①\phantom{00}}x\boxed{②\phantom{00}}y$ 　同類項をまとめる

(2) $(4a^2-2a)-(2a^2-5a)$

$=4a^2-2a\boxed{③\phantom{00}}2a^2\boxed{④\phantom{00}}5a$

$=4a^2-2a^2-2a+5a$ 　かっこの前が−のとき
は各項の符号を変える

$=\boxed{⑤\phantom{00}}a^2\boxed{⑥\phantom{00}}a$

## 基本問題　解答⇒別冊p.2

**1** 次の式の同類項をまとめなさい。

(1) $8x-3y-3x+4y$

(2) $-4a^2+3a-a+5a^2$

**2** 次の計算をしなさい。

(1) $(-2x+y)+(-3x-5y)$

(2) $(2x^2-4x+1)+(3x^2+2x-3)$

(3) $(4x-7y)-(6x+4y)$

(4) $(a^2-4a)-(3a^2-4a)$

もう一歩

### 多項式の筆算

多項式の計算は，次のように，同類項を縦にそろえて，筆算で計算することもできます。

・加法　$(4x-5y)+(x+3y)$

$$
\begin{array}{r}
4x-5y \\
+)\ \ x+3y \\
\hline
5x-2y
\end{array}
$$

・減法　$(a+2b)-(3a-4b)$

$$
\begin{array}{r}
a+2b \\
-)3a-4b
\end{array}
\xrightarrow[なおす]{加法に}
\begin{array}{r}
a+2b \\
+)-3a+4b \\
\hline
-2a+6b
\end{array}
$$

7

# 3 多項式の計算 ②

## まず ココ！ 要点を確かめよう

➡ 多項式と数の乗法，除法は，**分配法則**を使ってかっこをはずします。

$$2(4a-3b)=2\times4a-2\times3b=8a-6b$$

➡ 分数の式は**通分**して，同類項（どうるいこう）をまとめます。

## つぎ ココ！ 解き方を覚えよう

### 例題 1 次の計算をしなさい。
(1) $3(x+2y)$      (2) $(6x-10y)\div2$

(1) $3(x+2y)$
$=3\times x+3\times2y$ ── かっこをはずす
$=\boxed{①}\,x+\boxed{②}\,y$

(2) $(6x-10y)\div2$
$=(6x-10y)\times\boxed{③}$ ── 逆数をかける
── かっこをはずす
$=\dfrac{6x}{2}-\dfrac{10y}{2}$
── 約分する
$=\boxed{④}\,x-\boxed{⑤}\,y$

### 例題 2 次の計算をしなさい。
(1) $2(x+y)-3(2x+4y)$      (2) $\dfrac{2x+y}{2}-\dfrac{x-3y}{3}$

(1) $2(x+y)-3(2x+4y)$ ── かっこをはずす
$=2x+2y\boxed{①}6x\boxed{②}12y$ ── 項を並べかえる
$=2x-6x+2y-12y$ ── 同類項をまとめる
$=\boxed{③}\,x\boxed{④}\,y$

(2) $\dfrac{2x+y}{2}-\dfrac{x-3y}{3}$ ── かっこをつける
$=\dfrac{\boxed{⑤}(2x+y)-\boxed{⑥}(x-3y)}{6}$ ── 通分する
$=\dfrac{6x+3y-2x+6y}{6}$ ── 分子のかっこをはずす
$=\dfrac{\boxed{⑦}\,x\boxed{⑧}\,y}{6}$ ── 分子の同類項をまとめる

第1章
第2章
第3章
第4章
第5章
第6章

# 基本問題　解答⇒別冊p.2

**1** 次の計算をしなさい。

(1)　$-3(a-b)$

(2)　$(12x-4y)\div 4$

**2** 次の計算をしなさい。

(1)　$3(x+5y)+4(-x+2y)$

(2)　$6(x-y)-2(2x-3y)$

(3)　$\dfrac{1}{2}(3x-y)+\dfrac{1}{4}(x+y)$

(4)　$\dfrac{x-2y}{3}-\dfrac{2x-y}{4}$

---

もう一歩

## どちらが解きやすいかな？

$\dfrac{1}{6}(x+5y)-\dfrac{1}{3}(4x-y)$ のような計算は，次のように2通りの解き方があります。

㋐　$\dfrac{1}{6}(x+5y)-\dfrac{1}{3}(4x-y)=\dfrac{1}{6}x+\dfrac{5}{6}y-\dfrac{4}{3}x+\dfrac{1}{3}y=\dfrac{1}{6}x+\dfrac{5}{6}y-\dfrac{8}{6}x+\dfrac{2}{6}y$ ← 分配法則を利用してから通分する

㋑　$\dfrac{1}{6}(x+5y)-\dfrac{1}{3}(4x-y)=\dfrac{x+5y}{6}-\dfrac{4x-y}{3}=\dfrac{x+5y-2(4x-y)}{6}$ ← 分数の形にしてから通分する

答えの形が，㋐では $-\dfrac{7}{6}x+\dfrac{7}{6}y$，㋑では $\dfrac{-7x+7y}{6}$ となりますが，どちらも正解です。

例題の答　**1** ①3　②6　③$\dfrac{1}{2}$　④3　⑤5　**2** ①−　②−　③−4　④−10　⑤3　⑥2　⑦4　⑧+9

9

# 4 単項式の乗法・除法 ①

## まず ココ！ 要点を確かめよう

➡ 単項式の乗法は，**係数の積に文字の積**をかけます。

$3a×4b=3×a×4×b=\underline{3×4}×\underline{a×b}=12ab$

➡ 単項式の除法は，**分数の形**か，**逆数をかける形**にして計算し，約分します。

㋐ $10ab÷5a=\dfrac{10ab}{5a}=\dfrac{\overset{2}{10}×\overset{1}{a}×b}{\underset{1}{5}×\underset{1}{a}}=2b$

㋑ $8xy÷\dfrac{2}{5}x=8xy÷\dfrac{2x}{5}=8xy×\dfrac{5}{2x}=\dfrac{\overset{4}{8}×\overset{1}{x}×y×5}{\underset{1}{2}×\underset{1}{x}}=20y$

## つぎ ココ！ 解き方を覚えよう

 例題 1

次の計算をしなさい。

(1) $2a×(-3b)$　　　　(2) $(-4a)×a^2$

(1) $2a×(-3b)$
$=2×a×(-3)×b$
$=2×$ ①□ $×$ ②□ $×b$
$=$ ③□

> 係数どうし，文字どうしをかける

(2) $(-4a)×a^2$
$=(-4)×a×a×a$
$=$ ④□

> 同じ文字の積は指数で表す

 例題 2

次の計算をしなさい。

(1) $9ab÷3b$　　　　(2) $(-2xy)÷\left(-\dfrac{2}{3}x\right)$

(1) $9ab÷3b$
$=\dfrac{①□}{②□}$

> 分数の形にする

$=\dfrac{\overset{3}{9}×a×\overset{1}{b}}{\underset{1}{3}×\underset{1}{b}}$

> 係数どうし，同じ文字どうしを約分する

$=$ ③□

(2) $(-2xy)÷\left(-\dfrac{2}{3}x\right)$
$=(-2xy)×$ ④□

> 逆数をかける

$=\dfrac{\overset{1}{2}×\overset{1}{x}×y×3}{\underset{1}{2}×\underset{1}{x}}$

$=$ ⑤□

第1章

第2章

第3章

第4章

第5章

第6章

## 基 本 問 題　解答⇒別冊p.2

**1** 次の計算をしなさい。

(1)　$(-3x) \times 4y$

(2)　$(-4a) \times (-6a)$

(3)　$(-4x)^2$

(4)　$8ab \div (-2a)$

(5)　$\left(-\dfrac{2}{3}xy\right) \div \dfrac{5}{6}xy$

(6)　$\dfrac{6}{5}ab \div 3b$

---

 もう一歩

### 思い出そう！　逆数の求め方

逆数は，分母と分子を入れかえた数や式でしたね。

・$\dfrac{3}{5}ab = \dfrac{3ab}{5}$ だから，$\dfrac{3}{5}ab$ の逆数は $\dfrac{5}{3ab}$

・$4ab = \dfrac{4ab}{1}$ だから，$4ab$ の逆数は $\dfrac{1}{4ab}$

文字をふくむ分数では，分母と分子をはっきりさせてから，逆数になおしましょう。

例 題 の 答　**1** ①$(-3)$　②$a$　③$-6ab$　④$-4a^3$　**2** ①$9ab$　②$3b$　③$3a$　④$\left(-\dfrac{3}{2x}\right)$　⑤$3y$

11

# 5 単項式の乗法・除法 ②

## まず ココ！ 要点を確かめよう

→ 乗法と除法の混じった計算は，除法を乗法になおして計算します。

## つぎ ココ！ 解き方を覚えよう

**例題1** 次の計算をしなさい。

(1) $4x \times 5y \div (-2x)$     (2) $(-2xy) \div \dfrac{1}{2}y \times (-3x)$

(1) $4x \times 5y \div (-2x)$

$= -\left(4x \times 5y \times \boxed{①\phantom{xxx}}\right)$

まず符号を決め，除法は逆数にして乗法にする

$= -\dfrac{\overset{2}{4}\overset{1}{x} \times 5y \times 1}{\underset{1}{2}\underset{1}{x}}$

$= \boxed{②\phantom{xxxx}}$

約分する

(2) $(-2xy) \div \dfrac{1}{2}y \times (-3x)$

$= +\left(2xy \times \boxed{③\phantom{xxx}} \times 3x\right)$

まず符号を決め，除法は逆数にして乗法にする

$= \dfrac{2x\overset{1}{y} \times 2 \times 3x}{\underset{1}{y}}$

$= \boxed{④\phantom{xxxx}}$

約分する

**例題2** $(-3ab) \div (-2b)^2 \times 2b$ の計算をしなさい。

$(-3ab) \div (-2b)^2 \times 2b$

$= (-3ab) \div \boxed{①\phantom{xxx}} \times 2b$

指数のついたかっこをはずす

$= -\dfrac{3ab \times 2b}{4b^2}$

$= -\dfrac{3 \times a \times \overset{1}{b} \times \overset{1}{2} \times \overset{1}{b}}{\underset{2}{4} \times \underset{1}{b} \times \underset{1}{b}}$ ←同じ文字どうしは，数と同じように約分できる

$= \boxed{②\phantom{xxxx}}$

−をつけ忘れないように気をつけて！

## 基 本 問 題

解答⇒別冊p.3

**1** 次の計算をしなさい。

(1) $3xy \div x \times (-2y)$

(2) $4a^2 \times 6a \div 3a$

(3) $3ab \div \dfrac{1}{2}b \times 4ab$

(4) $9a^3 \div (-3a) \div 3$

(5) $(-2x^2y) \times xy \div \dfrac{4}{5}xy^2$

(6) $15ab^2 \div (-3b)^2 \times (-6ab)$

もう一歩

### 指数のついた計算

次のような累乗の計算に注意しましょう。

① $\overset{3+2}{x^3 \times x^2}$
$= \underset{x \text{ は全部で5個}}{x \times x \times x \times x \times x}$
$= x^5$

② $\overset{3\times2}{(x^3)^2}$
$= \underset{x \text{ は全部で6個}}{(x \times x \times x) \times (x \times x \times x)}$
$= x^6$

③ $\overset{6-4}{x^6 \div x^4}$
$= \dfrac{x \times x \times x \times x \times x \times x}{x \times x \times x \times x}$ $x$ は分子に2個余る
$= x^2$

特に，①と②をまちがえないように気をつけましょう。

例題の答 **1** ① $\dfrac{1}{2x}$ ② $-10y$ ③ $\dfrac{2}{y}$ ④ $12x^2$ **2** ① $4b^2$ ② $-\dfrac{3}{2}a$

13

# 6 式の値

第1章 式の計算

 **まず** **ココ！** **要点を確かめよう**

➡ 式の中の文字に数をあてはめることを<u>代入する</u>といい，代入して計算した結果を，その<u>式の値</u>といいます。

➡ 式の値を求めるときは，式を簡単にしてから数を代入すると計算しやすくなります。

 **つぎ** **ココ！** **解き方を覚えよう**

**例題 1** $x=2$，$y=-3$ のとき，$3x-6y$ の値を求めなさい。

$3x-6y=3\times\boxed{\text{①}\phantom{xx}}-6\times(\boxed{\text{②}\phantom{xxxx}})$

└─ 負の数のときは，かっこをつけて代入する

$\qquad\quad=6+18$

$\qquad\quad=\boxed{\text{③}\phantom{xxx}}$

**例題 2** $x=-2$，$y=4$ のとき，次の式の値を求めなさい。
(1) $3(x-2y)+2(x+2y)$ (2) $15x^3y^2\div5x^2y$

まず式を簡単にしてから，代入します。

(1) $3(x-2y)+2(x+2y)$

$\quad=3x-\boxed{\text{①}\phantom{xxx}}+2x+\boxed{\text{②}\phantom{xxx}}$

$\quad=5x-2y$

この式に $x=-2$，$y=4$ を代入して，

$5\times(\boxed{\text{③}\phantom{xx}})-2\times\boxed{\text{④}\phantom{x}}$

$=-10-8$

$=\boxed{\text{⑤}\phantom{xxx}}$

(2) $15x^3y^2\div5x^2y$

$\quad=\dfrac{15x^3y^2}{5x^2y}$

$\quad=3xy$

この式に $x=-2$，$y=4$ を代入して，

$3\times(\boxed{\text{⑥}\phantom{xx}})\times\boxed{\text{⑦}\phantom{x}}$

$=\boxed{\text{⑧}\phantom{xxx}}$

$$\boxed{基}\boxed{本}\boxed{問}\boxed{題}$$ 解答⇒別冊p.3

**1** $a=4$, $b=-2$ のとき, 次の式の値を求めなさい。

(1)  $-2a+7b$  (2)  $a-3b^2$

**2** $x=3$, $y=-1$ のとき, 次の式の値を求めなさい。

(1)  $(3x-2y)+2(-x+5y)$  (2)  $16x^2y\div8x$

もう一歩

### 公式に代入してみよう

底面の円の半径が 3 cm, 高さが 4 cm の円錐の体積を次のように求めてみましょう。

底面の円の半径が $r$ cm, 高さが $h$ cm の円錐の体積は $\frac{1}{3}\pi r^2 h$ cm³ です。

この公式に, 求める円錐の値 $r=3$, $h=4$ を代入します。

$$\frac{1}{3}\pi r^2 h=\frac{1}{3}\times\pi\times3^2\times4=12\pi$$

よって, 求める円錐の体積は $12\pi$ cm³ です。

公式を覚えていると, 値を代入すればすぐに答えが求められるので便利ですね。

例 題 の 答  **1** ①2 ②−3 ③24  **2** ①6$y$ ②4$y$ ③−2 ④4 ⑤−18 ⑥−2 ⑦4 ⑧−24

第1章
第2章
第3章
第4章
第5章
第6章

第1章 式の計算

# 式による説明

### まず ココ！ 要点を確かめよう

- 数を，文字を使った式で表すことによって，一般的な性質を説明することができます。
- $m$，$n$ を整数とすると，偶数は $2m$，奇数は $2n+1$ と表せます。
- いちばん小さい数を $n$ としたときの連続する 3 つの整数は，$n$，$n+1$，$n+2$ と表せます。
- 十の位の数を $a$，一の位の数を $b$ とする 2 けたの自然数は，$10a+b$ と表せます。

### つぎ ココ！ 解き方を覚えよう

例題 1

2 けたの自然数と，その数の一の位の数と十の位の数を入れかえた数の和は，11 の倍数になります。このわけを，文字を使って説明しなさい。

（説明）　たとえば，2 けたの自然数 35 は，$30+5=10\times$ ① ➕ ② だから，

十の位の数を $a$，一の位の数を $b$ とすると，2 けたの自然数は，

$10\times$ ③ $+$ ④ $=10a+b$ と表せる。

はじめの数は，$10a+b$ だから，入れかえた数は，⑤ $+$ ⑥

よって，2 つの数の和は，

$(10a+b)+(10b+a)$

$=10a+b+10b+a$

$=$ ⑦ $a+$ ⑧ $b$

$=$ ⑨ $(a+b)$

$a+b$ は整数だから，11$(a+b)$ は ⑩ の倍数である。
（どちらも整数）

よって，2 けたの自然数と，その数の一の位の数と十の位の数を入れかえた数の和は，11 の倍数になる。

> 十の位と一の位の数を
> 入れかえると…
> 35 = 30 + 5
> 　　= 10× 3 + 5
> 53 = 50 + 3
> 　　= 10× 5 + 3

第1章

第2章

第3章

第4章

第5章

第6章

# 基本問題　解答⇒別冊p.3

**1** 2つの整数が，偶数と奇数のとき，その和は奇数になります。このわけを下のように説明しました。☐にあてはまる数や式を書き入れなさい。

（説明）　$m$, $n$ を整数とすると，

偶数は $2m$，奇数は $2n+\boxed{\phantom{0}}$　と表せる。

その和は，

$2m+(2n+\boxed{\phantom{0}})=\boxed{\phantom{000000}}=2(\boxed{\phantom{000}})+\boxed{\phantom{0}}$

$\boxed{\phantom{0000}}$　は整数だから，$2(\boxed{\phantom{000}})+\boxed{\phantom{0}}$ は奇数である。

よって，偶数と奇数の和は奇数になる。

**2** 2けたの自然数と，その数の一の位の数と十の位の数を入れかえた数の差は9の倍数になります。このわけを，文字を使って説明しなさい。

（説明）

---

もう一歩

## 倍数を表すには？

4の倍数を文字を使って表してみましょう。

4の倍数とは，たとえば 4，8，12，16，20，…… ですね。

これは，$4=4×1$，$8=4×2$，$12=4×3$，$16=4×4$，$20=4×5$，…… と表せます。

つまり，どんな整数でも4をかければ4の倍数です。これを整数 $n$ を使って表すと，$4×n=4n$ と表せます。

同じように，2の倍数は $2n$，3の倍数は $3n$，5の倍数は $5n$ と表せます。

例題の答　**1** ①3　②5　③$a$　④$b$　⑤$10b$　⑥$a$　⑦11　⑧11　⑨11　⑩11

# 8 等式の変形

## まず ココ！ 要点を確かめよう

➡ $x$, $y$ についての等式があるとき，$y=\sim$ の形に式を変形することを，もと
の式を $y$ について解くといいます。

➡ 等式を変形するときは，次の等式の性質を使って変形します。
$A=B$ のとき，
① $A+C=B+C$
② $A-C=B-C$
③ $A\times C=B\times C$
④ $A\div C=B\div C$ （$C\neq 0$）

## つぎ ココ！ 解き方を覚えよう

 例題1

次の等式を〔 〕内の文字について解きなさい。
(1) $2x+y=3$ 〔$x$〕　　(2) $S=ah$ 〔$h$〕

(1) $2x+y=3$

$2x=3\boxed{①}\,y$ ← $y$ を移項する

$x=\dfrac{\boxed{②}+3}{2}$ ← 両辺を 2 でわる

(2) $S=ah$

$ah=S$ ← 両辺を入れかえる

$h=\boxed{③}$ ← 両辺を $a$ でわる

例題2

等式 $\ell=2(a+b)$ を $a$ について解きなさい。

解き方は，次の⑦，①の 2 通りあります。

⑦　　$\ell=2(a+b)$

$2(a+b)=\ell$ ← 両辺を入れかえる

$a+b=\boxed{①}$ ← 両辺を 2 でわる

$a=\boxed{①}-\boxed{②}$ ← $b$ を移項する

①　　$\ell=2(a+b)$

$2(a+b)=\ell$ ← 両辺を入れかえる

$2a+2b=\ell$ ← 左辺のかっこをはずす

$2a=\ell\boxed{③}\,2b$ ← $2b$ を移項する

$a=\boxed{④}$ ← 両辺を 2 でわる

第1章
第2章
第3章
第4章
第5章
第6章

## 基本問題　解答⇒別冊p.3

**1** 次の等式を〔　〕内の文字について解きなさい。

(1)　$3x+y=7$　〔$y$〕

(2)　$-2xy=8$　〔$x$〕

(3)　$2x-4y+3=0$　〔$x$〕

(4)　$a(b-1)=2$　〔$b$〕

(5)　$V=\dfrac{1}{3}\pi r^2 h$　〔$h$〕

(6)　$\dfrac{a}{3}+\dfrac{b}{2}=1$　〔$a$〕

### もう一歩

## おうぎ形の面積 $S=\dfrac{1}{2}\ell r$ を導こう

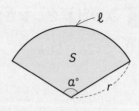

おうぎ形の弧の長さは $\ell=2\pi r\times\dfrac{a}{360}$,

面積は $S=\pi r^2\times\dfrac{a}{360}$ であることを1年生のときに学び

ましたね。これらの公式と等式の変形を使って，次の
ような公式を導くことができます。

$$\ell=2\pi r\times\dfrac{a}{360}\xrightarrow{\text{両辺に}\frac{1}{2}r\text{をかける}}\dfrac{1}{2}\ell r=\pi r^2\times\dfrac{a}{360}\longrightarrow\dfrac{1}{2}\ell r=\underline{S}$$

おうぎ形の面積は $S=\dfrac{1}{2}\ell r$ で求めることもできますよ！

例題の答　**1** ①－　②$-y$　③$\dfrac{S}{a}$　**2** ①$\dfrac{\ell}{2}$　②$b$　③－　④$\dfrac{\ell-2b}{2}$

# 確認テスト ①

解答⇒別冊p.4

**1** 多項式 $2a^2 - 4a + 9$ について，次の問いに答えなさい。（5点×2＝10点）

➡ できなければ，p.4 へ

(1) 項をいいなさい。

(2) 何次式ですか。

**2** 次の計算をしなさい。（5点×4＝20点）

➡ できなければ，p.6 へ

(1) $3x + 5y - 4x - 3y$

(2) $(2a - 3b) + (a + 5b)$

(3) $(3x - 4y) - (2x - y)$

(4) $(a - b) - (-5a + 6b)$

**3** 次の計算をしなさい。（5点×4＝20点）

➡ できなければ，p.8 へ

(1) $3(2a - 5b)$

(2) $(12x - 6y) \div 6$

(3) $2(x - 3y) + 3(3x + y)$

(4) $\dfrac{a - 3b}{4} - \dfrac{5a + b}{2}$

得点UP
アドバイス

◎ かっこをはずすときは，符号に気をつけよう。
◎ 分数のたし算やひき算をするときは，必ず通分してから計算しよう。
◎ 式の値を求めるときには，負の数はかっこをつけて代入しよう。

第1章
第2章
第3章
第4章
第5章
第6章

**4** 次の計算をしなさい。(6点×4＝24点)　できなければ，p.10, 12 へ

(1)　$(-3x) \times 2x$

(2)　$12a^3b^2 \div 4ab$

(3)　$4x \times 3x^3 \div 6x^2$

(4)　$(-8a^2b) \div 4ab \times 2ab^2$

**5** $a=2$，$b=-3$ のとき，次の式の値を求めなさい。(6点×2＝12点)
できなければ，p.14 へ

(1)　$2(a-b)+3(a+2b)$

(2)　$10a^2 \times ab \div (-5a)$

**6** 次の等式を〔　〕内の文字について解きなさい。(7点×2＝14点)　できなければ，p.18 へ

(1)　$a+3b=5$　〔$a$〕

(2)　$3m-4n=9$　〔$n$〕

これで　レベルアップ

3，4，5 のように，3 つの連続した整数の和は 3 の倍数になることを説明しなさい。

（説明）　3 つの連続した整数のうち，いちばん小さい整数を $n$ とすると，3 つの連続
した整数は $n$，$n+1$，$n+2$ と表される。
　　よって，それらの数の和は，$n+(n+1)+(n+2)=3n+3=3(n+1)$ になり，
$n+1$ は整数だから，$3(n+1)$ は 3 の倍数である。
　　したがって，3 つの連続した整数の和は，3 の倍数になる。

# 9 第2章 連立方程式
# 連立方程式と解

まず **ココ!** ▷ **要点を確かめよう**

→ 2つの文字をふくむ1次方程式を **2元1次方程式** といいます。

→ 2つ以上の方程式を組にしたものを **連立方程式** といい，どの方程式も成り立たせるような文字の値の組を **連立方程式の解** といいます。その解を求めることを **連立方程式を解く** といいます。

つぎ **ココ!** ▷ **解き方を覚えよう**

**例題 1**　次のア〜ウのうち，2元1次方程式 $x+2y=9$ の解をすべて選びなさい。
　　ア　$x=3$，$y=3$　　　イ　$x=4$，$y=2$　　　ウ　$x=-1$，$y=5$

アを左辺に代入すると，　$3+2\times3=9$ ←右辺も9だから，成り立つ
　　$\llcorner x+2y$

イを左辺に代入すると，　$4+2\times2=8$ ←右辺は9だから，成り立たない

ウを左辺に代入すると，　$\boxed{①\phantom{xx}}+2\times5=\boxed{②\phantom{xx}}$

2元1次方程式の解は
1組だけではないよ！

よって，2元1次方程式の解になっているのは，$\boxed{③\phantom{xx}}$，$\boxed{④\phantom{xx}}$

**例題 2**　次のア〜ウのうち，連立方程式 $\begin{cases} x+y=5 & \cdots\cdots① \\ 3x+2y=12 & \cdots\cdots② \end{cases}$ の解を選びなさい。
　　ア　$x=-1$，$y=6$　　　イ　$x=4$，$y=0$　　　ウ　$x=2$，$y=3$

アを①の左辺に代入すると，　$-1+6=5$ ←右辺も5だから，成り立つ
　　$\llcorner x+y$

アを②の左辺に代入すると，　$3\times(-1)+2\times6=9$ ←右辺は12だから，成り立たない
　　$\llcorner 3x+2y$

イを①の左辺に代入すると，　$4+0=4$ ←右辺は5だから，成り立たない

イを②の左辺に代入すると，　$3\times4+2\times0=12$ ←右辺も12だから，成り立つ

ウを①の左辺に代入すると，　$2+\boxed{①\phantom{xx}}=\boxed{②\phantom{xx}}$

ウを②の左辺に代入すると，　$3\times\boxed{③\phantom{xx}}+2\times3=\boxed{④\phantom{xx}}$

よって，連立方程式の解になっているのは，$\boxed{⑤\phantom{xx}}$

22

第1章
第2章
第3章
第4章
第5章
第6章

## 基本問題　解答⇒別冊p.4

**1** 次の**ア**～**エ**のうち，2元1次方程式 $4x+y=19$ の解をすべて選びなさい。

**ア** $x=3,\ y=7$ 　　　　　**イ** $x=-2,\ y=1$
**ウ** $x=-4,\ y=-3$ 　　　　**エ** $x=5,\ y=-1$

**2** 次の**ア**～**エ**のうち，連立方程式 $\begin{cases} x-2y=5 & \cdots\cdots① \\ 5x+y=3 & \cdots\cdots② \end{cases}$ の解を選びなさい。

**ア** $x=-2,\ y=1$ 　　　　**イ** $x=3,\ y=-1$
**ウ** $x=1,\ y=-2$ 　　　　**エ** $x=-1,\ y=8$

もう一歩

### 連立方程式の解の求め方

連立方程式 $\begin{cases} 2x-y=1 & \cdots\cdots① \\ x-y=-1 & \cdots\cdots② \end{cases}$ の

解は，右のような表をつくって，どちらの方程式も成り立たせる $x$，$y$ の値の組を見つければ求めることができます。しかし，このような方法では時間がかかるでしょう。

$\begin{cases} 2x-y=1 & \cdots\cdots① \\ x-y=-1 & \cdots\cdots② \end{cases}$ の解

①の解
| $x$ | $\cdots$ | 1 | 2 | 3 | 4 | 5 | $\cdots$ |
|---|---|---|---|---|---|---|---|
| $y$ | $\cdots$ | 1 | 3 | 5 | 7 | 9 | $\cdots$ |

②の解
| $x$ | $\cdots$ | 1 | 2 | 3 | 4 | 5 | $\cdots$ |
|---|---|---|---|---|---|---|---|
| $y$ | $\cdots$ | 2 | 3 | 4 | 5 | 6 | $\cdots$ |

ふつう，連立方程式は加減法または代入法という方法で解きます。
次のページから，それらを学んでいきましょう！

例題の答　**1** ①-1　②9　③ア　④ウ（③と④は順不同可）　**2** ①3　②5　③2　④12　⑤ウ

# 10 連立方程式の解き方 ①

## まず ココ！ 要点を確かめよう

➡ どちらかの文字の係数の絶対値をそろえ，左辺どうし，右辺どうしをたしたりひいたりして，その文字を消去して連立方程式を解く方法を**加減法**といいます。

## つぎ ココ！ 解き方を覚えよう

例題 1 次の連立方程式を，加減法で解きなさい。

(1) $\begin{cases} 3x+y=10 & \cdots\cdots① \\ x-y=2 & \cdots\cdots② \end{cases}$

(2) $\begin{cases} x+4y=3 & \cdots\cdots① \\ 2x+3y=1 & \cdots\cdots② \end{cases}$

(1) $y$ の係数が 1 と −1 だから，①と②の式をたして，$y$ を消去します。

①＋② より，

$$
\begin{array}{r}
3x+y=10 \\
+)\ x-y=2 \\
\hline
\end{array}
$$

$\boxed{①} = \boxed{②}$

$x=\boxed{③}$

$x=\boxed{③}$ を①に代入して，

$\boxed{④}+y=10$

$y=10-\boxed{④}$

$y=\boxed{⑤}$

よって，$x=\boxed{③}$ ，$y=\boxed{⑤}$

(2) ①の式を 2 倍すると，$x$ の係数が等しくなるので，①×2 から②をひいて，$x$ を消去します。

①×2−② より，

$$
\begin{array}{r}
2x+8y=6 \\
-)\ 2x+3y=1 \\
\hline
\end{array}
$$

$\boxed{⑥} = \boxed{⑦}$

$y=\boxed{⑧}$

$y=\boxed{⑧}$ を①に代入して，

$x+\boxed{⑨}=3$

$x=3-\boxed{⑨}$

$x=\boxed{⑩}$

よって，$x=\boxed{⑩}$ ，$y=\boxed{⑧}$

## 基本問題

解答⇒別冊p.4

第1章
第2章
第3章
第4章
第5章
第6章

**1** 次の連立方程式を，加減法で解きなさい。

(1) $\begin{cases} x-4y=5 \\ 3x+4y=-1 \end{cases}$

(2) $\begin{cases} x+2y=3 \\ x+4y=7 \end{cases}$

(3) $\begin{cases} 2x+3y=12 \\ x-y=1 \end{cases}$

(4) $\begin{cases} 4x-3y=11 \\ 3x+y=5 \end{cases}$

もう一歩

### 文字を消去するには…

連立方程式の加減法では，消去する文字の係数の符号に注目して，たすかひ
くかを決めましょう。

　　　　┌同符号のときは，ひき算　　　　　　┌異符号のときは，たし算

$$\begin{array}{r} x-3y=5 \\ -)\ 2x-3y=1 \\ \hline -x\phantom{-3y}=4 \end{array} \qquad \begin{array}{r} x+y=7 \\ +)\ 4x-y=3 \\ \hline 5x\phantom{-y}=10 \end{array}$$

例題の答　1 ①4x　②12　③3　④9　⑤1　⑥5y　⑦5　⑧1　⑨4　⑩−1

25

第2章 連立方程式

# 連立方程式の解き方 ②

## まず ココ！ 要点を確かめよう

➡️ 連立方程式を加減法で解くとき，一方の式だけを何倍かしても，どちらかの文字の係数の絶対値をそろえられないときは，それぞれの式を何倍かして，どちらかの文字の係数の絶対値をそろえて解きます。

➡️ 一方の式を他方の式に代入することによって文字を消去して，連立方程式を解く方法を代入法といいます。

## つぎ ココ！ 解き方を覚えよう

次の連立方程式を，(1)は加減法で，(2)は代入法で解きなさい。

(1) $\begin{cases} 3x+2y=8 & \cdots\cdots① \\ 5x-3y=7 & \cdots\cdots② \end{cases}$　　(2) $\begin{cases} 5x-2y=6 & \cdots\cdots① \\ y=2x-1 & \cdots\cdots② \end{cases}$

(1) $x$，$y$ のどちらかの係数の絶対値が等しくなるように，それぞれの式を何倍かします。

①×3　　　　$9x+6y=24$
②×2　　$+)\ 10x-6y=14$
　　　　　　────────────
　　　$\boxed{①}\,x\ =\ \boxed{②}$

　　　　　　$x=\boxed{③}$

$x=\boxed{③}$ を①に代入すると，

$3\times\boxed{③}+2y=8$

$2y=8-\boxed{④}$

$2y=\boxed{⑤}$

$y=\boxed{⑥}$

よって，$x=\boxed{③}$，$y=\boxed{⑥}$

(2) ②より，$y$ と $2x-1$ が等しいので，①の $y$ を $2x-1$ におきかえて，$y$ を消去します。

$5x-2(\boxed{⑦})=6$

$5x\boxed{⑧}=6$

$x=\boxed{⑨}$

$x=\boxed{⑨}$ を②に代入すると，

$y=2\times\boxed{⑨}-1$

$=\boxed{⑩}$

よって，$x=\boxed{⑨}$，$y=\boxed{⑩}$

かっこをつけて，代入しよう。

第1章
第2章
第3章
第4章
第5章
第6章

## 基 本 問 題　解答⇒別冊p.5

**1** 次の連立方程式を，(1)・(2)は加減法で，(3)・(4)は代入法で解きなさい。

(1) $\begin{cases} 4x+7y=-13 \\ 5x+2y=4 \end{cases}$

(2) $\begin{cases} 5x+3y=2 \\ 9x-2y=11 \end{cases}$

(3) $\begin{cases} 7x-3y=16 \\ y=5x \end{cases}$

(4) $\begin{cases} 5x-y=1 \\ x=y+1 \end{cases}$

---

もう一歩

### どの解き方で解く？

連立方程式 $\begin{cases} y=2x+1 & \cdots\cdots① \\ y=3x-2 & \cdots\cdots② \end{cases}$ は，次の⑦，④の2通りの方法で解けます。

どちらが解きやすいですか。

⑦ 加減法で解く。

　$y$ の係数が等しいから，

　①－②を計算して，

$$\begin{array}{r} y=2x+1 \\ -)\ y=3x-2 \\ \hline 0=-x+3 \\ x=3 \end{array}$$

　①に代入して，$y=2\times3+1=7$

④ 代入法で解く。

　②の $y$ に①の $2x+1$ を代入して，

　$2x+1=3x-2$ ←1次方程式になる

　$2x-3x=-2-1$

　$-x=-3$

　$x=3$

　①に代入して，$y=2\times3+1=7$

例題の答　1 ①19　②38　③2　④6　⑤2　⑥1　⑦$2x-1$　⑧$-4x+2$　⑨4　⑩7

# 12 いろいろな連立方程式 ①

## まず ココ！ 要点を確かめよう

→ **かっこをふくむ連立方程式**は，かっこをはずし，整理してから解きます。

→ **係数に分数をふくむ連立方程式**は，両辺に分母の（最小）公倍数をかけて分母をはらい，係数が全部整数になるように変形してから解きます。

## つぎ ココ！ 解き方を覚えよう

 次の連立方程式を解きなさい。

(1) $\begin{cases} x-2(x-y)=1 & \cdots\cdots① \\ -5x+7y=2 & \cdots\cdots② \end{cases}$

(2) $\begin{cases} \dfrac{x}{3}-\dfrac{y}{2}=2 & \cdots\cdots① \\ -2x-y=-20 & \cdots\cdots② \end{cases}$

(1) ①の式のかっこをはずして，

$x-\boxed{①\phantom{xxxxxx}}=1$

$-x+2y=1 \quad \cdots\cdots①'$

$①'×5-②$ より，

$\quad\quad -5x+10y=5$
$-)\ \ -5x+\ \ 7y=2$
$\overline{\quad\quad\quad\quad \boxed{②}\,y=\boxed{③}\quad}$

$\quad\quad\quad\quad\quad y=\boxed{④}$

$y=\boxed{④}$ を$①'$に代入して，

$-x+\boxed{⑤}=1$

$-x=\boxed{⑥}$

$x=\boxed{⑦}$

よって，$x=\boxed{⑦}$，$y=\boxed{④}$

(2) ①の両辺を 6 倍して，

└ 3 と 2 の最小公倍数

$\dfrac{x}{3}×\boxed{⑧}-\dfrac{y}{2}×\boxed{⑧}=2×\boxed{⑧}$

$2x-3y=12 \quad \cdots\cdots①'$

$①'+②$ より，

$\quad\quad\quad 2x-3y=12$
$+)\ -2x-\ \ y=-20$
$\overline{\quad\quad\quad \boxed{⑨}\,y=\boxed{⑩}\quad}$

$\quad\quad\quad\quad y=\boxed{⑪}$

$y=\boxed{⑪}$ を②に代入して，

$-2x-\boxed{⑪}=-20$

$-2x=\boxed{⑫}$

$x=\boxed{⑬}$

よって，$x=\boxed{⑬}$，$y=\boxed{⑪}$

第1章
第2章
第3章
第4章
第5章
第6章

# 基 本 問 題  解答⇒別冊p.5

**1** 次の連立方程式を解きなさい。

(1) $\begin{cases} 3(x-y)+2y=11 \\ x-2y=7 \end{cases}$

(2) $\begin{cases} 3(x-2y)+5y=2 \\ 4x-3(2x-y)=8 \end{cases}$

(3) $\begin{cases} 2x-\dfrac{y}{3}=-3 \\ x+2y=-8 \end{cases}$

(4) $\begin{cases} \dfrac{x}{3}-\dfrac{y}{4}=4 \\ -5x+3y=-45 \end{cases}$

---

 もう一歩

### 係数も求めることができる？

連立方程式 $\begin{cases} ax+by=4 \\ bx+ay=1 \end{cases}$ の解が $x=-1$, $y=2$ であるとき，$a$, $b$ の値を求めてみましょう。

$x$ が $-1$，$y$ が $2$ であることがわかっているので，これを連立方程式に代入します。

すると，

$\begin{cases} -a+2b=4 \\ -b+2a=1 \end{cases}$ のように，$a$, $b$ についての連立方程式になりました。

これを解けば，$a$, $b$ の値が求められますね。$a=2$, $b=3$ になります。

---

例題の答 **1** ①$2x+2y$ ②3 ③3 ④1 ⑤2 ⑥$-1$ ⑦1 ⑧6 ⑨$-4$ ⑩$-8$ ⑪2 ⑫$-18$ ⑬9

# いろいろな連立方程式 ②

第2章 連立方程式

## まず ココ！ 要点を確かめよう

- ➡ 係数に小数をふくむ連立方程式は，式を 10 倍，100 倍，…… して，係数が全部整数になるように変形してから解きます。

- ➡ $A=B=C$ という形の連立方程式は，次のいずれかの組み合わせをつくって解きます。

$$\begin{cases} A=B \\ A=C \end{cases} \quad \begin{cases} A=B \\ B=C \end{cases} \quad \begin{cases} A=C \\ B=C \end{cases}$$

## つぎ ココ！ 解き方を覚えよう

例題 1  次の連立方程式を解きなさい。

(1) $\begin{cases} 0.6x+0.4y=1 & \cdots\cdots① \\ 2x-3y=12 & \cdots\cdots② \end{cases}$

(2) $2x+y=5x+3y-1=2$

(1) ①の式を 10 倍して，係数を整数にします。

①×10  $6x+4y=\boxed{①} \qquad \cdots\cdots①'$

①′−②×3 より，

$$\begin{array}{r} 6x+4y=\boxed{①} \\ -)\ 6x-9y=36 \\ \hline \boxed{②} \qquad y=\boxed{③} \\ y=\boxed{④} \end{array}$$

$y=\boxed{④}$ を②に代入して，

$2x+\boxed{⑤}=12$

$x=\boxed{⑥}$

よって，$x=\boxed{⑥}$ ，$y=\boxed{④}$

(2) $\begin{cases} 2x+y=2 & \cdots\cdots① \\ 5x+3y-1=2 & \cdots\cdots② \end{cases}$ とします。

②を整理して，

$5x+3y=\boxed{⑦} \qquad \cdots\cdots②'$

①×3−②′ より，

$$\begin{array}{r} 6x+3y=6 \\ -)\ 5x+3y=\boxed{⑦} \\ \hline x=\boxed{⑧} \end{array}$$

$x=\boxed{⑧}$ を①に代入して，

$\boxed{⑨}+y=2$

$y=\boxed{⑩}$

よって，$x=\boxed{⑧}$ ，$y=\boxed{⑩}$

# 基本問題　解答⇒別冊p.5

**1** 次の連立方程式を解きなさい。

(1) $\begin{cases} 0.4x - 0.1y = 1.3 \\ 12x + y = 3 \end{cases}$

(2) $\begin{cases} 0.08x + 0.05y = 18 \\ x + y = 300 \end{cases}$

(3) $3x - 2y = x + y + 18 = 7$

(4) $3x + 2y = 5 + 3y = 2x + 11$

---

もう一歩

## 整数にもかけ忘れずに！

係数が小数や分数の連立方程式では，式全体を何倍かして係数を整数にしますが，そのとき，整数にもかけ忘れないように注意しましょう。

$\begin{cases} \dfrac{2}{3}x + \dfrac{y}{2} = 6 \\ 4x - 5y = 4 \end{cases}$ ⟶ 両辺を6倍して分母をはらう ⟶ × $4x + 3y = 6$
　○ $4x + 3y = \underline{36}$

例題の答　**1** ①10　②13　③−26　④−2　⑤6　⑥3　⑦3　⑧3　⑨6　⑩−4

第2章 連立方程式

# 連立方程式の利用 ①

## まず ココ! 要点を確かめよう

連立方程式を利用して問題を解く手順は，次のようにします。
① どの数量を $x$, $y$ で表すかを決める。
② 数量の間の関係を見つけて，連立方程式をつくる。
③ 連立方程式を解く。
④ 求めた解が問題の答えとして適しているかどうかを確かめる。

## つぎ ココ! 解き方を覚えよう

例題 1

1冊180円のノートと，1冊200円のノートを合わせて7冊買って，代金を1360円はらいました。2種類のノートをそれぞれ何冊買いましたか。

求める値は，180円のノートの冊数と，200円のノートの冊数の2つだから，連立方程式を使って求めます。180円のノートを $x$ 冊，200円のノートを $y$ 冊買ったとして，ノートを合わせて7冊買ったから，

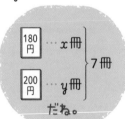

$$\boxed{①} + \boxed{②} = \boxed{③} \quad \cdots\cdots ①$$

代金の合計が1360円だったから，

$$\boxed{④} x + \boxed{⑤} y = 1360 \quad \cdots\cdots ②$$

①と②を連立方程式として解くと，
①×180−② より，

$$
\begin{array}{r}
180x + \boxed{⑥} \, y = \boxed{⑦} \\
-)\ 180x + \qquad 200y = 1360 \\
\hline
\boxed{⑧}\, y = \boxed{⑨} \\
y = \boxed{⑩}
\end{array}
$$

①に $y = \boxed{⑩}$ を代入して，$x + \boxed{⑩} = 7$ $x = \boxed{⑪}$

これらは問題に適している。

よって，180円のノートは $\boxed{⑪}$ 冊，200円のノートは $\boxed{⑩}$ 冊

第 1 章

第 2 章

第 3 章

第 4 章

第 5 章

第 6 章

**1** 1 個 120 円のりんごと 1 個 50 円のみかんを合わせて 26 個買い，代金を 2000 円はらいました。りんごとみかんをそれぞれ何個買いましたか。

**2** ある美術館の入館料は，おとな 3 人とこども 2 人では 2400 円，おとな 1 人とこども 3 人では 1500 円です。おとな 1 人とこども 1 人の入館料はそれぞれいくらですか。

もう一歩

### 代入法で解いてみよう

例題 1 を，代入法で解いてみましょう。

$$\begin{cases} x+y=7 & \cdots\cdots ① \\ 180x+200y=1360 & \cdots\cdots ② \end{cases}$$

①を変形して，$x=-y+7$ とします。

これを②の式の $x$ に代入すれば，$y$ の値を求めることができますね。

$$180(-y+7)+200y=1360$$

この方法でも解いてみましょう。

例 題 の 答　**1** ①$x$　②$y$　③7　④180　⑤200　⑥180　⑦1260　⑧−20　⑨−100　⑩5　⑪2

# 15 連立方程式の利用 ②

## まず ココ！ ▷ 要点を確かめよう

➡ 速さの問題を解くときには，次の**速さの公式**を利用します。

① （道のり）＝（速さ）×（時間）

② （速さ）＝（道のり）÷（時間）＝$\dfrac{（道のり）}{（時間）}$

③ （時間）＝（道のり）÷（速さ）＝$\dfrac{（道のり）}{（速さ）}$

## つぎ ココ！ ▷ 解き方を覚えよう

**例題 1**
ある人がA地から峠をこえて，16 km はなれたB地に行きました。A地から峠までは時速4 km，峠からB地までは時速6 km で歩いて，全体で3時間30分かかりました。A地から峠までの道のりと，峠からB地までの道のりを求めなさい。

問題の数量の関係を，右のように，線分図で表します。

A地から峠までを $x$ km，峠からB地までを $y$ km とします。

道のりの関係から，

$$x+y=\boxed{\phantom{①}}^{①} \quad \cdots\cdots①$$

時間の関係から，

$$\dfrac{\boxed{\phantom{③}}^{③}}{4}+\dfrac{\boxed{\phantom{④}}^{④}}{6}=\boxed{\phantom{②}}^{②} \quad \cdots\cdots② \quad \leftarrow（時間）=\dfrac{（道のり）}{（速さ）}$$

①，②を連立方程式として解くと，①×3−②×12より，$y=\boxed{\phantom{⑤}}^{⑤}$

$y=\boxed{\phantom{⑤}}^{⑤}$ を①に代入して，$x=\boxed{\phantom{⑥}}^{⑥}$

これらは問題に適している。

よって，道のりは，A地から峠までは $\boxed{\phantom{⑥}}^{⑥}$ km，峠からB地までは $\boxed{\phantom{⑤}}^{⑤}$ km

線分図：

① $\boxed{\phantom{km}}$ km

A ─── $x$ km ─── 峠 ─ $y$ km ─ B

時速4 km ② $\boxed{\phantom{時間}}$ 時間 ← 3時間30分を時間になおす

時速6 km

第1章
第2章
第3章
第4章
第5章
第6章

# 基本問題
解答⇒別冊p.6

**1** A町から10kmはなれたB町へ行くのに，A町から途中のC町までは毎時3km，C町からB町までは毎時4kmの速さで歩き，全体で3時間かかりました。A町からC町までの道のりと，C町からB町までの道のりを求めなさい。

**2** Aさんは家から学校までの1.5kmの道のりを，はじめのx分間は毎分80mの速さで歩き，その後のy分間は毎分140mの速さで走って，学校にはちょうど15分で着きました。このとき，x，yの値を求めなさい。

---

 **もう一歩**

## 池のまわりを回る問題

周囲が2400mの池があります。この池を，Aは自転車で，Bは徒歩で回ります。同じところから同時に出発して，反対の方向に回ると10分後に出会います。また，同じ方向に回ると，AはBに20分後に追いつきます。A，Bそれぞれの速さを求めてみましょう。

Aの速さを毎分xm，Bの速さを毎分ymとすると，

$$\begin{cases} 10x+10y=2400 & \cdots\cdots① \\ 20x-20y=2400 & \cdots\cdots② \end{cases}$$

この連立方程式を解くと，$x=180$，$y=60$
これらは問題に適している。
よって，Aの速さは毎分180m，Bの速さは毎分60mになります。

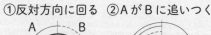

2人で池1周分進んだ

Aが1周分多く進んだ

例題の答 **1** ①16 ②$3\frac{1}{2}\left(\frac{7}{2}\right)$ ③$x$ ④$y$ ⑤6 ⑥10

# 連立方程式の利用 ③

## まず ココ！ ▶ 要点を確かめよう

➡ 割合は，**分数または小数**で表します。

$$a \text{ 円の } 3\% \longrightarrow a \times \frac{3}{100} = \frac{3}{100}a \text{（円）または，} a \times 0.03 = 0.03a \text{（円）}$$

➡ 十の位の数を $x$，一の位の数を $y$ とすると，2けたの自然数は **$10x+y$** と表せます。また，十の位の数と一の位の数を入れかえてできる自然数は **$10y+x$** と表せます。

## つぎ ココ！ ▶ 解き方を覚えよう

**例題 1** ある中学校の今年度の生徒数は 466 人で，昨年度の生徒数より 4 人減少しています。これを男女別にみると，昨年度より男子の生徒数は 6 ％減少し，女子の生徒数は 5 ％増加しています。昨年度の男子，女子それぞれの生徒数を求めなさい。

昨年度の男子の生徒数を $x$ 人，女子の生徒数を $y$ 人とします。

まず，昨年度の生徒数は今年度より 4 人多かったから，$x+y=$ 〔①〕 ……①

次に，増減した生徒数の関係から，

男子は $x$ 人の 6 ％減少したので，$-$ 〔②〕 $x$

女子は $y$ 人の 5 ％増加したので，$+$ 〔③〕 $y$

②の式を，今年度の生徒数の関係から，
$$\frac{94}{100}x + \frac{105}{100}y = 466$$
└─男子 └─女子
としても正解だ。ただし，計算がややこしくなるよ。

よって，$-$ 〔②〕 $x +$ 〔③〕 $y = -4$ ……②

①×6+②×100 より，$11y=$ 〔④〕　　$y=$ 〔⑤〕

$y=$ 〔⑤〕 を①に代入して，$x=$ 〔⑥〕　これらは問題に適している。

よって，昨年度の男子の生徒数は 〔⑥〕 人，女子の生徒数は 〔⑤〕 人

## 基本問題  解答⇒別冊p.6

1 ある中学校のテニス部の今年の部員の数は 38 人でした。これは昨年に比べ，男子が 20 % 減少し，女子が 10 % 増加し，全体として 2 人減少しています。次の問いに答えなさい。

(1) 昨年の男子と女子の部員の数を求めなさい。

(2) 今年の男子と女子の部員の数を求めなさい。

2 2 けたの自然数があります。この自然数の十の位の数の 3 倍から一の位の数をひくと，4 です。また，十の位の数と一の位の数を入れかえてできる数はもとの数より 18 大きくなります。もとの自然数を求めなさい。

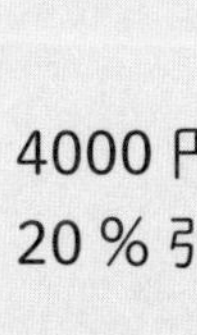

もう一歩

### 4000 円のゲームを 20 % 引きで買うといくら？

定価 4000 円のゲームが 20 % 引きで売られていました。いくらで買えますか？

4000 円の 20 % 引き

4000 円の 20 % は，

$4000 \times \dfrac{20}{100} = 800$ （円） → 4000−800 （円）

20 % 引いた残りだから，
4000 円の 100−20＝80 （%） → $4000 \times \dfrac{80}{100}$ （円）

→ 3200 円

つまり，定価の 20 % 引きは，定価の 80 % で買うことと同じです。

例題の答 1 ①470 ②$\dfrac{6}{100}$(0.06) ③$\dfrac{5}{100}$(0.05) ④2420 ⑤220 ⑥250

# 確認テスト ②

解答⇒別冊p.6

**1** 次の連立方程式を解きなさい。(10点×6＝60点) ➡できなければ，p.24, 26, 28, 30 へ

(1) $\begin{cases} 3x - 2y = 18 \\ 2x + y = 5 \end{cases}$

(2) $\begin{cases} 4x + 7y = -1 \\ 3x - 2y = -8 \end{cases}$

(3) $\begin{cases} 2x + 3y = 6 \\ x = y + 8 \end{cases}$

(4) $\begin{cases} x + 3(x - y) = 5 \\ 4x + 3y = 11 \end{cases}$

(5) $\begin{cases} \dfrac{x}{2} - \dfrac{y}{3} = 2 \\ 2x + 3y = -5 \end{cases}$

(6) $\begin{cases} 5x + 4y = -8 \\ 0.3x + 0.8y = 1.2 \end{cases}$

- 連立方程式を，加減法または代入法のどちらで解いた方が簡単に解けるかよく考えてから解こう。
- 係数が分数や小数である方程式は，両辺を何倍かして係数を整数にして解こう。
- 代金や速さなどの文章題は，たくさん練習してパターンを覚えよう。

**2** 1個380円のケーキと1個200円のプリンを合わせて8個買ったところ，代金が2500円でした。ケーキとプリンをそれぞれ何個買いましたか。(20点)

できなければ，p.32へ

**3** 2けたの自然数があります。各位の数の和は13で，十の位の数と一の位の数を入れかえると，もとの数より27大きくなるといいます。もとの自然数を求めなさい。(20点)

できなければ，p.36へ

これで  レベルアップ

濃度が13％の食塩水と7％の食塩水を混ぜて，濃度が9％の食塩水を450gつくります。13％の食塩水を $x$ g，7％の食塩水を $y$ g混ぜるものとして，連立方程式をつくってみましょう。

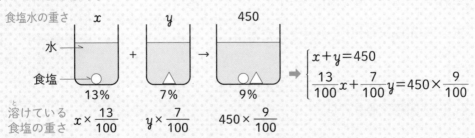

$$\begin{cases} x+y=450 \\ \dfrac{13}{100}x+\dfrac{7}{100}y=450\times\dfrac{9}{100} \end{cases}$$

食塩水の重さ $x$ $y$ 450

水 食塩 13% 7% 9%

溶けている食塩の重さ $x\times\dfrac{13}{100}$ $y\times\dfrac{7}{100}$ $450\times\dfrac{9}{100}$

食塩水を混ぜる問題は，混ぜる前と混ぜた後で食塩水全体の重さと溶けている食塩の重さは変わらないことに注目して式をつくります。

第3章 1次関数

# 1次関数

## まず ココ！ 要点を確かめよう

→ $y$ が $x$ の関数で，$y$ が $x$ の1次式で表されるとき，$y$ は $x$ の 1次関数である といいます。

→ 1次関数は，一般に $y=ax+b$（$a$，$b$ は定数）の形で表されます。

→ 比例を表す式 $y=ax$ は，1次関数 $y=ax+b$ の式で定数 $b$ が 0 になっている 1次関数の特別な場合といえます。

## つぎ ココ！ 解き方を覚えよう

**例題 1**

次の(1)～(4)について，$y$ を $x$ の式で表しなさい。また，$y$ が $x$ の1次関数であるものをいいなさい。

(1) 100円の箱に1個300円のケーキを $x$ 個入れると，$y$ 円になる。

(2) 縦 $x$ cm，横 $y$ cm の長方形の面積は 36 cm² である。

(3) 長さ 15 cm のロウソクに火をつけると，1分間に 0.5 cm ずつ短くなった。$x$ 分後のロウソクの長さを $y$ cm とする。

(4) 1 m の重さが 40 g のはり金 $x$ m の重さは $y$ g である。

(1) （代金）＝（ケーキの代金）＋（箱の代金）だから，$y=$ ①□ $x+$ ②□

(2) （長方形の面積）＝（縦）×（横）だから，36＝$x$×$y$ より，$y=$ ③□

(3) （ロウソクの長さ）＝15 cm−（短くなった長さ）だから，

$y=15-$ ④□ $x$ より，$y=$ ⑤□ $x+15$

(4) （重さ）＝40 g×（はり金の長さ）だから，

$y=$ ⑥□ $x$

よって，1次関数であるのは，⑦□

└ 式が $y=ax+b$ になる

(3)を図で表すと，

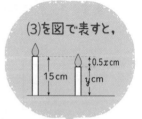

## 基本問題　解答⇒別冊p.7

**1** 次の(1)〜(3)について，$y$ を $x$ の式で表しなさい。また，$y$ が $x$ の1次関数であるものをいいなさい。

(1)　20 km の道のりを時速 $x$ km の速さで歩くと，$y$ 時間かかった。

(2)　水が5 L 入っている水そうに，毎分3 L ずつ $x$ 分間水を入れたとき，水そうに入っている水の量を $y$ L とする。

(3)　底面積が $\pi x$ cm$^2$，高さが8 cm の円柱の体積を $y$ cm$^3$ とする。

**2** 50円の箱に，1個 $x$ 円のまんじゅうを6個つめたときの代金を $y$ 円とします。次の問いに答えなさい。

(1)　$y$ を $x$ の式で表しなさい。

(2)　$y$ は $x$ の1次関数といえますか。

(3)　$x$ の値が 100，150 のときの $y$ の値を求めなさい。

---

（もう一歩）

### 表にしてみよう

1次関数 $y=2x+3$ について $x$ の値に対応する $y$ の値を求め，表にしてみましょう。

たとえば，a の値は，$y=2x+3$ の式の $x$ に $-2$ を代入して，
$y=2\times(-2)+3=-1$ と求めます。

| $x$ | $-3$ | $-2$ | $-1$ | 0 | 1 | 2 | 3 | 4 |
|---|---|---|---|---|---|---|---|---|
| $y$ | $-3$ | a | 1 | 3 | b | 7 | 9 | 11 |

同じように，b の値は，$x=1$ を代入して，$y=2\times1+3=5$ となります。
このようにして，$x$ の値に対応する $y$ の値を求めていくと，1次関数
$y=2x+3$ の表をつくることができます。

例題の答　**1** ①300　②100　③$\dfrac{36}{x}$　④0.5　⑤$-0.5$　⑥40　⑦(1)，(3)，(4)

# 18 第3章 1次関数

# 1次関数の値の変化

まず ココ！ **要点を確かめよう**

➡ $x$ の増加量に対する $y$ の増加量の割合を **変化の割合** といいます。

➡ 1次関数 $y=ax+b$ では変化の割合は **一定** で，$a$ に等しくなります。

$$(変化の割合)=\frac{(yの増加量)}{(xの増加量)}=a$$

つぎ ココ！ **解き方を覚えよう**

例題 1

1次関数 $y=3x-1$ について，次の問いに答えなさい。
(1) $x$ の値が 2 から 5 まで増加したときの $y$ の増加量を求めなさい。
(2) 変化の割合をいいなさい。
(3) $x$ の増加量が 4 のときの $y$ の増加量をいいなさい。

$y=3x-1$ において，対応する $x$，$y$ の値の組を表にして考えます。

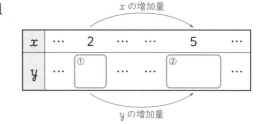

(1) $x$ の値が 2 のとき $y$ の値は，

$y=3×2-1=$ ①☐

$x$ の値が 5 のとき $y$ の値は，

$y=3×5-1=$ ②☐

よって，$y$ の増加量は，②☐ $-$ ①☐ $=$ ③☐

(2) $x$ の増加量は，$5-2=$ ④☐ だから，

$(変化の割合)=\dfrac{③☐}{④☐}=$ ⑤☐ ←$y=3x-1$ の $x$ の係数と等しい

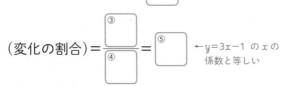

1次関数 $y=3x-1$ では，変化の割合はつねに 3！

(3) $\dfrac{(yの増加量)}{(xの増加量)}=a$ より，$(yの増加量)=a×(xの増加量)$ だから，

⑥☐ $×4=$ ⑦☐

第1章
第2章
第3章
第4章
第5章
第6章

基 本 問 題 解答⇒別冊p.7

**1** 1次関数 $y=-3x+2$ について，次の問いに答えなさい。

(1) $x$ の値が $-2$ から $2$ まで増加するときの $y$ の増加量を求めなさい。

(2) 変化の割合を求めなさい。

**2** 次の1次関数の変化の割合を求めなさい。また，$x$ の増加量が3のときの $y$ の増加量を求めなさい。

(1) $y=2x-3$

(2) $y=\dfrac{1}{3}x+1$

---

もう一歩

### 反比例の変化の割合

反比例 $y=\dfrac{12}{x}$ で，$x$ の値が次のように増加したときの変化の割合を求めてみましょう。

(1) 1から3まで

（変化の割合）$=\dfrac{4-12}{3-1}=\underline{-4}$

| $x$ | 1 | 3 |
|---|---|---|
| $y$ | 12 | 4 |

(2) 4から6まで

（変化の割合）$=\dfrac{2-3}{6-4}$

$=-\dfrac{1}{2}$

| $x$ | 4 | 6 |
|---|---|---|
| $y$ | 3 | 2 |

このように，反比例では，変化の割合は一定ではありません。

例 題 の 答 **1** ①5 ②14 ③9 ④3 ⑤3 ⑥3 ⑦12

# 19

第3章 1次関数

# 1次関数のグラフ ①

まず ココ！ **要点を確かめよう**

➡ 1次関数 $y=ax+b$ のグラフは，比例 $y=ax$ のグラフを $y$ 軸の方向に $b$ だけ平行移動させた <u>直線</u> です。

➡ 1次関数 $y=ax+b$ のグラフと $y$ 軸との交点 $(0,\ b)$ の $y$ 座標 $b$ を，このグラフの <u>切片</u> といいます。

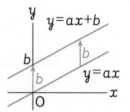

➡ 1次関数 $y=ax+b$ の $a$ をグラフの <u>傾き</u> といいます。傾き $a$ は変化の割合と等しく，$x$ が1だけ増加したときの $y$ の増加量を表しています。右の図のように，

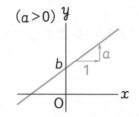

$a>0$ のときは <u>右上がり</u>，$a<0$ のときは <u>右下がり</u> の直線になります。

つぎ ココ！ **解き方を覚えよう**

例題 1
1次関数 $y=2x-1$ について，次の問いに答えなさい。
(1) グラフの傾きと切片をいいなさい。
(2) この関数のグラフのかき方を答えなさい。

(1) 傾きは ①[　]，切片は ②[　] です。

(2) 切片は ②[　] だから，$y$ 軸上の

点 $(0,$ ②[　] $)$ をとります。

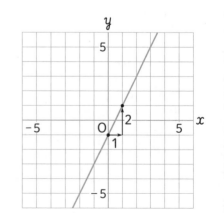

次に，傾きは ①[　] だから，点 $(0,$ ②[　] $)$ から右へ1，③[　] へ2進んだ点 $(1,$ ④[　] $)$ をとり
└ $a>0$ のとき上，$a<0$ のとき下

ます。
この2点を通る直線をひきます。

44

第1章
第2章
第3章
第4章
第5章
第6章

# 基本問題 　解答⇒別冊p.7

**1** 次の1次関数について，グラフの傾きと切片をいいなさい。

(1)　$y=3x+5$　　　　　　　　(2)　$y=\dfrac{3}{4}x-2$

(3)　$y=-6x$

**2** 次の1次関数のグラフをかきなさい。

(1)　$y=x-3$ 　　　　　　　　(2)　$y=-3x+4$

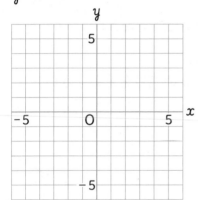 　　　　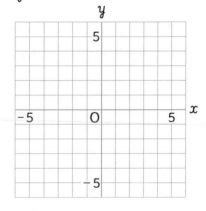

### 2点の求め方はいろいろある！

ここでは，切片と傾きから2点を求めてグラフをかき
ましたが，次のような方法で2点を求めてグラフをか
くこともできます。

$y=2x-1$ で，$x=-2$ のとき，$y=2\times(-2)-1=-5$
　　　　　　$x=3$　のとき，$y=2\times 3 - 1 =5$
　　　　　└── それぞれ整数になる座標を見つける ──┘

右の図のように，$(-2，-5)$，$(3，5)$ を通る直線をひ
きます。

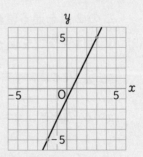

例題の答　**1** ①2　②−1　③上　④1

# 1次関数のグラフ ②

## まず ココ！ 要点を確かめよう

➡ 1次関数 $y=ax+b$ において，傾き $a$ が分数のとき，

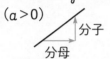

$(a>0)$　分子　分母

$(a<0)$　分母　分子

$x$ が増加すると，$y$ も増加する　　$x$ が増加すると，$y$ は減少する

➡ 変数のとりうる値の範囲のことを，その変数の変域といいます。

## つぎ ココ！ 解き方を覚えよう

例題1

1次関数 $y=\dfrac{1}{2}x+2$ について，次の問いに答えなさい。

(1) この関数のグラフのかき方を答えなさい。

(2) $x$ の変域を $2\leqq x\leqq 6$ としたときの $y$ の変域を求めなさい。

(1) まず，切片は □① だから，$y$ 軸上の

点 $(0,$ □① $)$ をとります。

次に，傾きは □② だから，点 $(0,$ □① $)$ から右

へ □③ ，上へ 1 進んだ点 $(2,$ □④ $)$ をとります。

この 2 点を通る直線をひきます。

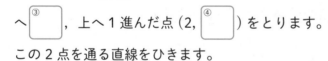

(2) 変域はグラフを使って調べると，よくわかります。

$x=2$ のとき，$y=\dfrac{1}{2}\times 2+2=$ □⑤

$x=6$ のとき，$y=\dfrac{1}{2}\times 6+2=$ □⑥

よって，$y$ の変域は，□⑤ $\leqq y\leqq$ □⑥

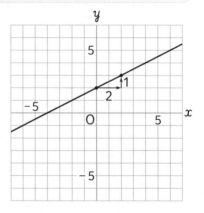

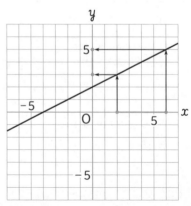

## 基本問題  解答⇒別冊p.7

**1** 1次関数 $y=-\dfrac{2}{3}x+2$ のグラフをかきなさい。

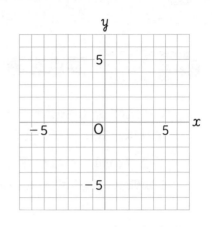

**2** 次の1次関数について，$x$ の変域を $-2\leqq x\leqq4$ としたときの $y$ の変域を求めなさい。

(1) $y=-2x+2$

(2) $y=\dfrac{1}{2}x-3$

### もう一歩

### 変域が示されたグラフを表す

$x$ の変域が $-2\leqq x<3$ のときの1次関数 $y=-x+1$ のグラフは，右の図のように表されます。
このとき，グラフの端（はし）の点に注意しましょう。
$x$ の変域が $-2\leqq x<3$ だから，
点 $(-2,\ 3)$ はふくまれるので，●印
点 $(3,\ -2)$ はふくまれないので，○印
で表します。

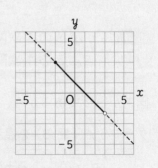

例題の答 **1** ①2 ②$\dfrac{1}{2}$ ③2 ④3 ⑤3 ⑥5

21

第3章　1次関数

# 1次関数の式の決定　①

## まず ココ！ 要点を確かめよう

➡️ 1次関数は $y=ax+b$ と表されるから，グラフの**傾き $a$ と切片 $b$** の値がわかれば，式に表すことができます。

➡️ グラフの傾きがわかっているときは，**グラフが通る1点の座標**がわかれば，1次関数の式を求めることができます。

## つぎ ココ！ 解き方を覚えよう

例題 1　右の図の直線の式を求めなさい。

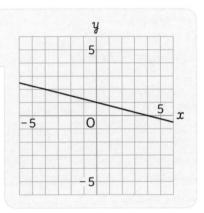

$y$ 軸上の点 $\left(0,\ \boxed{①\ }\right)$ を通るから，

切片は $\boxed{①\ }$

また，右へ4進むと下へ1進むから，

傾きは $\boxed{②\ }$

よって，求める直線の式は，$y=\boxed{③\quad}$

例題 2　$y$ が $x$ の1次関数で，そのグラフの傾きが $-2$ で，点 $(1,\ 3)$ を通るとき，この1次関数の式を求めなさい。

傾きが $-2$ であるから，この1次関数は，$y=\boxed{①\quad}x+b$ という式になります。
　┗ $a=-2$
グラフが点 $(1,\ 3)$ を通るから，上の式に，$x=1$，$y=3$ を代入して，

$\boxed{②\ }=-2\times\boxed{③\ }+b$　$3=-2+b$　よって，$b=\boxed{④\ }$

よって，求める1次関数の式は，$y=\boxed{⑤\quad}$

## 基 本 問 題　解答⇒別冊p.8

**1** 右の①～③の直線の式を求めなさい。

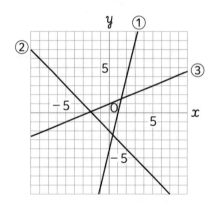

**2** グラフが次のような1次関数の式を求めなさい。

(1) 傾きが1で，切片が−3

(2) 傾きが−4で，点 (1, −3) を通る。

(3) 切片が2で，点 (3, 3) を通る。

もう一歩

### 1次関数の式が求められるかな？

次のような条件から，1次関数の式を求めることができますか。

「$x=5$ のとき $y=-3$ で，$x$ の増加量が5のとき $y$ の増加量が3である。」

　　　↓　　　　　　　　　　　　　=
グラフが点 (5, −3) を通る　　　変化の割合が $\dfrac{3}{5}$
　　　　　　　　　　　　　　　　↓
　　　　　　　　　　　　グラフの傾きが $\dfrac{3}{5}$

これより，傾きと1点の座標から，**基本問題 2** の(2)と同じように求めると，

$y=\dfrac{3}{5}x-6$ となります。

例題の答　**1** ①1　②$-\dfrac{1}{4}$　③$-\dfrac{1}{4}x+1$　**2** ①−2　②3　③1　④5　⑤$-2x+5$

**22**

第3章　1次関数

# 1次関数の式の決定 ②

---

### まず ココ！ 要点を確かめよう

- ➡ 傾きや切片がわからなくても，グラフが通る **2点の座標**がわかれば，1次関数の式を求めることができます。
- ➡ 平行な2直線の**傾き**は等しくなります。

### つぎ ココ！ 解き方を覚えよう

> **例題 1**
>
> 次の1次関数の式を求めなさい。
> (1) グラフが2点 (1，−1)，(3，5) を通る。
> (2) グラフが直線 $y=2x-1$ に平行で，点 (−1，3) を通る。

(1) 求める1次関数の式を，$y=ax+b$ とします。
2点 (1，−1)，(3，5) を通るから，傾き $a$ は，

$$a=\frac{(y\text{の増加量})}{(x\text{の増加量})}=\frac{5-(-1)}{3-1}=\frac{\boxed{②}}{\boxed{①}}=3$$

だから，$y=3x+b$
グラフは，点 (1，−1) を通るから，$x=1$，$y=-1$ を代

入して，$\boxed{③}=3\times\boxed{④}+b$　$-1=3+b$　$b=\boxed{⑤}$

よって，求める式は，$y=\boxed{⑥}$

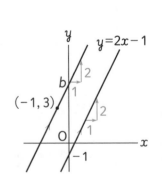

(2) 求める1次関数の式を，$y=ax+b$ とします。

直線 $y=2x-1$ と平行だから，$\boxed{⑦}$ が等しくなるの

で，$y=2x+b$
グラフは，点 (−1，3) を通るから，$x=-1$，$y=3$ を代

入して，$\boxed{⑧}=2\times\left(\boxed{⑨}\right)+b$　$3=-2+b$

$b=\boxed{⑩}$

よって，求める式は，$y=\boxed{⑪}$

解答⇒別冊p.8

第1章
第2章
第3章
第4章
第5章
第6章

# 基本問題

**1** 次の 1 次関数の式を求めなさい。

(1) グラフが 2 点 $(-2, 4)$, $(4, 1)$ を通る。

(2) $x=1$ のとき $y=3$, $x=3$ のとき $y=-1$ である。

(3) グラフが直線 $y=4x+2$ に平行で，点 $(1, 5)$ を通る。

  もう一歩

## 連立方程式を使って 2 点を通る直線の式を求める

2 点を通る直線の式の求め方には，連立方程式を使って求める方法もあります。
例題 1 の(1)を，この方法で解いてみましょう。
点 $(1, -1)$ を通る → $x=1$ のとき $y=-1$ だから，$y=ax+b$ に代入して，

$$-1=a+b \quad ……①$$

点 $(3, 5)$ を通る → $x=3$ のとき $y=5$ だから，$y=ax+b$ に代入して，

$$5=3a+b \quad ……②$$

この①と②を $a$ と $b$ の連立方程式とみて，解きます。
①，②とも $b$ の係数は同じなので，①－② より，$-6=-2a$　$a=3$
$a=3$ を①に代入して，$-1=3+b$　$b=-4$
よって，求める直線の式は，$y=3x-4$ となります。

# 23 方程式とグラフ

**第3章　1次関数**

## まず ココ！ 要点を確かめよう

➡ 2元1次方程式 $ax+by=c$ のグラフは 直線 になります。

➡ $y=k$ のグラフは，点 $(0, k)$ を通り，$x$ 軸に平行な直線
　$x=h$ のグラフは，点 $(h, 0)$ を通り，$y$ 軸に平行な直線
　になります。

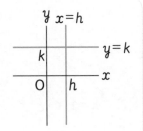

## つぎ ココ！ 解き方を覚えよう

**例題 1**　次の方程式のグラフは，右の図のア〜ウ
のうち，どれですか。

(1)　$2x-3y=6$　　(2)　$2y-4=0$

(3)　$3x=-9$

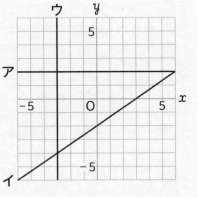

(1)　$2x-3y=6$ を $y$ について解きます。

$$-3y=\boxed{①}\ x+6 \quad y=\boxed{②}\ x-\boxed{③}$$

だから，傾き $\boxed{②}$ ，切片 $\boxed{④}$ の直線になります。

よって，グラフは図の $\boxed{⑤}$

(2)　$2y-4=0$ を $y$ について解きます。

$2y=\boxed{⑥}$　$y=\boxed{⑦}$ だから，点 $(0, \boxed{⑦})$ を通り，$x$ 軸に平行な直線になります。

よって，グラフは図の $\boxed{⑧}$

(3)　$3x=-9$ を $x$ について解きます。

$x=\boxed{⑨}$ だから，点 $(\boxed{⑨}, 0)$ を通り，$y$ 軸に平行な直線になります。

よって，グラフは図の $\boxed{⑩}$

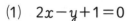

解答⇒別冊p.8

第1章
第2章
第3章
第4章
第5章
第6章

**1** 次の方程式のグラフをかきなさい。

(1) $2x-y+1=0$

(2) $x-2y=2$

(3) $3y=6$

(4) $2x+8=0$

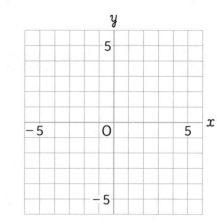

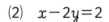 もう一歩

### 座標軸との交点を求めて直線をかく方法

例題1の(1) $2x-3y=6$ のグラフを，座標軸との交点
の座標を求めてかいてみましょう。

$y$軸との交点の座標は，$x=0$ を代入して求めることが
できます。

$x$軸との交点の座標は，$y=0$ を代入して求めることが
できます。

$2x-3y=6$ で，$x=0$ のとき $y=-2$，$y=0$ のとき $x=3$
よって，2点 $(0, -2)$，$(3, 0)$ を通る直線となります。

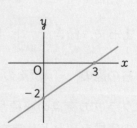

例題の答 **1** ①$-2$ ②$\frac{2}{3}$ ③2 ④$-2$ ⑤イ ⑥4 ⑦2 ⑧ア ⑨$-3$ ⑩ウ

第3章 1次関数

# 連立方程式とグラフ

## まず ココ！ 要点を確かめよう

➡ $x$, $y$ についての連立方程式の解は，それぞれの方程式のグラフの交点の $x$ 座標，$y$ 座標の組になります。

右の図のように，連立方程式 $\begin{cases} 2x-y=4 & \cdots\cdots① \\ x+y=5 & \cdots\cdots② \end{cases}$ の解は，

直線①，②の交点の $x$ 座標，$y$ 座標になるから，$x=3$，$y=2$ になります。

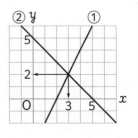

## つぎ ココ！ 解き方を覚えよう

例題 1 連立方程式 $\begin{cases} 3x+2y=8 \\ -2x+y=-3 \end{cases}$ の解を，グラフを利用して求めなさい。

$3x+2y=8$ を $y$ について解くと，$2y=\boxed{①}\,x+8$　$y=\boxed{②}\,x+\boxed{③}$ より，

傾き $\boxed{②}$，切片 $\boxed{③}$ の直線をひきます。

右の図の $\boxed{④}$ がそのグラフです。

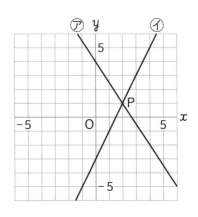

$-2x+y=-3$ を $y$ について解くと，$y=\boxed{⑤}\,x-3$

よって，傾き $\boxed{⑤}$，切片 $\boxed{⑥}$ の直線をひきます。

右の図の $\boxed{⑦}$ がそのグラフです。

グラフの交点の座標が連立方程式の解となるので，交点 P の座標を読みとります。

P の座標は，P($\boxed{⑧}$，$\boxed{⑨}$)

よって，連立方程式の解は，$x=\boxed{⑧}$，$y=\boxed{⑨}$

交点の座標
＝
連立方程式の解
だよ。

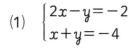

解答⇒別冊p.8

**1** 次の連立方程式の解を，グラフをかいて求めなさい。

(1) $\begin{cases} 2x-y=-2 \\ x+y=-4 \end{cases}$

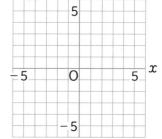

(2) $\begin{cases} 3x-y=4 \\ x+2y=6 \end{cases}$

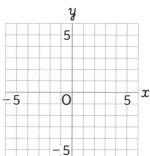

(3) $\begin{cases} x+3y=9 \\ 2x-y=4 \end{cases}$

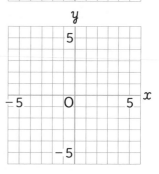

 もう一歩

### グラフから交点の座標が読みとれないときは？

右の図のように，2直線 $y=2x+1$，$y=-3x-2$ の交点Pの座標は，グラフから読みとることはできません。

このようなときは，連立方程式 $\begin{cases} y=2x+1 \\ y=-3x-2 \end{cases}$ を解くと，

$x=-\dfrac{3}{5}$，$y=-\dfrac{1}{5}$ になり，交点Pの座標 $\left(-\dfrac{3}{5},\ -\dfrac{1}{5}\right)$

を求めることができます。

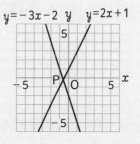

例題の答 1 ①−3 ②−$\dfrac{3}{2}$ ③4 ④⑦ ⑤2 ⑥−3 ⑦④ ⑧2 ⑨1

# 1次関数の利用 ①

## まず ココ！ 要点を確かめよう

➡ 1次関数を利用して，さまざまな問題を解くことができます。

➡ 速さの問題は，グラフを利用すると考えやすくなります。

## つぎ ココ！ 解き方を覚えよう

例題 1

家から 4 km 離れた駅まで妹は徒歩で行き，姉は妹が家を出てから 20 分後に自転車で駅へ向かいました。右のグラフは，妹が家を出てからの時間と 2 人の家からの道のりを表したものです。姉が妹に追いついた時間と場所を求めなさい。

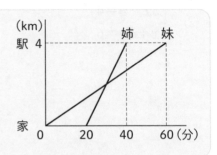

妹が家を出て $x$ 分後の家からの道のりを $y$ km とすると，妹のグラフは，

点 $(0, 0)$，$(60, \boxed{①})$ を通るから，グラフの式は，$y = \boxed{②}\ x$ ……①

姉のグラフは，点 $(20, \boxed{③})$，$(\boxed{④}, 4)$ を通るから，

傾きは $\dfrac{4 - \boxed{③}}{\boxed{④} - 20} = \boxed{⑤}$

$y = \boxed{⑤}\ x + b$ に $(20, \boxed{③})$ を代入して，$0 = \boxed{⑤} \times 20 + b \quad b = \boxed{⑥}$

よって，姉のグラフの式は，$y = \boxed{⑤}\ x \boxed{⑥}$ ……②

①，②を連立方程式として解いて，$x = \boxed{⑦}$，$y = \boxed{⑧}$

よって，姉が妹に追いついたのは，

妹が家を出てから $\boxed{⑦}$ 分後，家から $\boxed{⑧}$ km のところ

第1章
第2章
第3章
第4章
第5章
第6章

# 基本問題　解答⇒別冊p.9

**1** みなとさんは，家から友達のれんさんの家まで自転車に乗って向かいましたが，途中で自転車がパンクしたので，残りの道のりは歩いてれんさんの家まで行きました。出発してから $x$ 分後にいる地点から，れんさんの家までの道のりを $y$ km として，$x$，$y$ の関係を右のグラフに表しました。次の問いに答えなさい。

(1) みなとさんの家かられんさんの家まで何 km ありますか。

(2) 自転車の速さは時速何 km ですか。

(3) みなとさんが家を出てから 60 分後にいる地点から，れんさんの家までの道のりは何 km ですか。

---

もう一歩

## 料金の問題

ある都市の水道料金は，使用量の 1 次関数であるといいます。

A君の家庭では，6 月は 20 m³ を使用して 2000 円，8 月は 32 m³ で 2720 円でした。12 月の使用量が 18 m³ であったとすると，水道料金はいくらになるでしょうか。

$x$ m³ 使用したときの水道料金を $y$ 円とすると，1 次関数だから $y=ax+b$ とおけます。

6 月と 8 月の使用量と料金をそれぞれ代入して，連立方程式をつくります。

$\begin{cases} 2000=20a+b \\ 2720=32a+b \end{cases}$ これを解いて，$a=60$，$b=800$

$y=60x+800$ に，$x=18$ を代入して，$y=1880$

よって，12 月の水道料金は 1880 円であることがわかります。

---

例題の答 **1** ①4 ②$\frac{1}{15}$ ③0 ④40 ⑤$\frac{1}{5}$ ⑥-4 ⑦30 ⑧2

26

第3章　1次関数

# 1次関数の利用 ②

### まず ココ！ 要点を確かめよう

→ 点が動いて，三角形などの図形の**面積が変化**する問題では，点がどの辺上にあるかによって，面積を求める式が異なってきます。

→ 点の動く範囲は**変域**で表します。

### つぎ ココ！ 解き方を覚えよう

例題1

右の図の正方形 ABCD で，点 P が A を出発して辺上を B，C を通って D まで動きます。

点 P が A から $x$ cm 動いたときの △APD の面積を $y$ cm$^2$ として，次の問いに答えなさい。

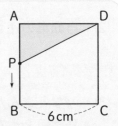

(1) 次のそれぞれの場合について，$y$ を表す式をつくりなさい。

　㋐　$0 \leqq x \leqq 6$　　㋑　$6 \leqq x \leqq 12$　　㋒　$12 \leqq x \leqq 18$

(2) 点 P が A から D まで動くときの $x$ と $y$ の関係のグラフの表し方を答えなさい。

(1) ㋐ $0 \leqq x \leqq 6$ のとき，点 P は辺 AB 上にあるので，△APD の面積は，

AD＝ ①□ cm，AP＝$x$ cm より，$y = \dfrac{1}{2} \times$ ①□ $\times x =$ ②□ $x$

㋑ $6 \leqq x \leqq 12$ のとき，点 P は辺 BC 上にあるので，△APD の面積は，

AD（底辺）＝ ①□ cm，高さ ③□ cm より，$y =$ ④□

㋒ $12 \leqq x \leqq 18$ のとき，点 P は辺 CD 上にあるので，△APD の面積は，

AD＝ ①□ cm，DP＝$(18-x)$ cm より，

$y = \dfrac{1}{2} \times$ ①□ $\times (18-x) =$ ⑤□ $x +$ ⑥□

(2) (1)で求めた㋐～㋒の式のグラフはそれぞれ直線になります。

よって，点 $(0, 0)$，$\left(6, \right.$ ⑦□ $\left.\right)$，$\left(12, \right.$ ⑦□ $\left.\right)$，

$\left(18, \right.$ ⑧□ $\left.\right)$ をそれぞれ直線で結びます。

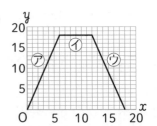

58

基 本 問 題

第1章

第2章

第3章

第4章

第5章

第6章

**1** 右の図の長方形 ABCD で，点 P が A を出発して毎秒
2 cm の速さでこの長方形の辺上を B，C，D の順に D
まで動きます。点 P が A を出発してから $x$ 秒後の
△APD の面積を $y$ cm² として，次の問いに答えなさい。

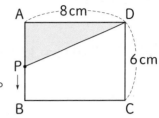

(1) 点 P が辺 AB 上，辺 BC 上，辺 CD 上にある場合につ
いて，それぞれ $y$ を $x$ の式で表しなさい。
また，そのときの $x$ の変域を求めなさい。

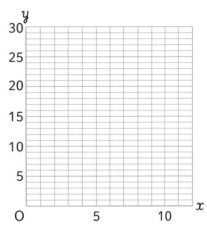

(2) 点 P が A から D まで動くときの $x$ と $y$ の関係を上のグラフに表しなさい。

もう一歩

### 辺上を動く点と面積

例題1のような，点が動いて面積が変化する問題の，各変域での △APD の面
積について，もう少しくわしくみていきましょう。

㋐ $0 ≦ x ≦ 6$ のとき　　㋑ $6 ≦ x ≦ 12$ のとき　　㋒ $12 ≦ x ≦ 18$ のとき

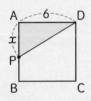 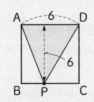 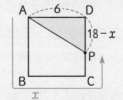

A→B→C→D の距離は，6×3＝18
A→B→C→P の距離は，$x$

上の図のように，辺ごとにそれぞれの場合の図をかいて考えることが大切です。

例題の答　1 ①6　②3　③6　④18　⑤−3　⑥54　⑦18　⑧0

59

# 確認テスト ③

解答⇒別冊p.9

/ 100

**1** 1次関数 $y=3x+1$ について，次の問いに答えなさい。（6点×3＝18点）

できなければ，p.42, 46 へ

(1) $x=-2$，$x=4$ に対応する $y$ の値をそれぞれ求めなさい。

(2) $x$ が2増加したときの $y$ の増加量を求めなさい。

(3) $x$ の変域が $-2\leqq x\leqq4$ のときの $y$ の変域を求めなさい。

**2** 次の方程式のグラフをかきなさい。（7点×4＝28点）

できなければ，p.44, 46, 52 へ

(1) $y=-x+1$

(2) $y=\dfrac{1}{2}x-3$

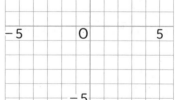

(3) $2y=6$

(4) $2x+y-2=0$

**3** 次の1次関数の式を求めなさい。（7点×3＝21点）

できなければ，p.48, 50 へ

(1) グラフの傾きが $-5$ で，点 $(3, -5)$ を通る。

(2) 変化の割合が3で，$x=1$ のとき $y=6$ である。

(3) グラフが2点 $(-3, -2)$，$(3, 8)$ を通る。

**4** 右の①～③の直線の式を求めなさい。

(7点×3＝21点) できなければ，p.48, 52 へ

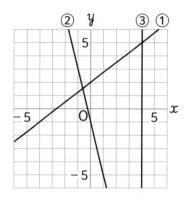

**5** ある人が自転車で，午後0時20分にA町を出発
して，8km 離れた B 町へ向かいました。右の図は，
時刻と A 町からの距離の関係を示しています。次
の問いに答えなさい。(6点×2＝12点)

→ できなければ，p.56 へ

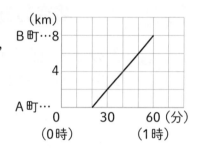

(1) 自転車の速さは毎分何 km ですか。

(2) $20 \leqq x \leqq 60$ として，午後0時 $x$ 分におけるこの人のA町からの距離を $y$ km
とするとき，$y$ を $x$ の式で表しなさい。

これで **レベルアップ**

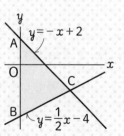

右の図で，△ABC の面積を求めてみましょう。

点 C の座標は連立方程式 $\begin{cases} y = -x+2 \\ y = \dfrac{1}{2}x-4 \end{cases}$ を解いて，C(4, −2)

A(0, 2)，B(0, −4) より，AB＝2−(−4)＝6
AB を底辺とすると，高さは点 C の $x$ 座標4だから，

△ABC の面積は，$\dfrac{1}{2} \times 6 \times 4 = 12$

61

27 第4章 図形の角と合同

# 平行線と角

## まず ココ! 要点を確かめよう

➡ 右の図の $\angle a$ と $\angle c$，$\angle f$ と $\angle h$ のように，向かい合った角を**対頂角**(たいちょうかく)といいます。対頂角は等しくなります。

➡ 右の図の $\angle a$ と $\angle e$，$\angle c$ と $\angle g$ のような位置にある2つの角を**同位角**(どういかく)，$\angle c$ と $\angle e$，$\angle d$ と $\angle f$ のような位置にある2つの角を**錯角**(さっかく)といいます。直線 $\ell$，$m$ が平行であるとき，同位角，錯角は等しくなります。

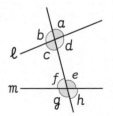

## つぎ ココ! 解き方を覚えよう

**例題1** 右の図で，$\ell /\!/ m$ のとき，$\angle a$，$\angle b$，$\angle c$ の大きさを求めなさい。

[①] は等しいから，$\angle a=$ [②]°

平行な2直線の [③] は等しいから，

$\angle b=$ [④]°

平行な2直線の [⑤] は等しいから，$\angle c=$ [⑥]°

**例題2** 右の図で，$\ell /\!/ m$ のとき，$\angle x$ の大きさを求めなさい。

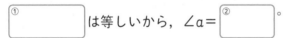

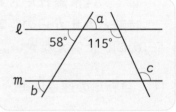

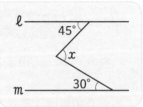

右下の図のように，点Qを通り，直線 $\ell$，$m$ に平行な直線 $n$ をひいて求めます。

[①] は等しいから，

$\angle$PQS$=$ [②]°，$\angle$SQR$=$ [③]°

よって，$\angle x=$ [②]° $+$ [③]° $=$ [④]°

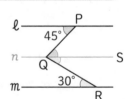

第1章
第2章
第3章
第4章
第5章
第6章

## 基本問題　解答⇒別冊p.10

**1** 右の図で，∠a，∠b の大きさを求めなさい。

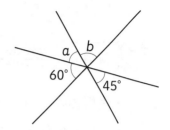

**2** 次の図で，ℓ//m のとき，∠x，∠y の大きさを求めなさい。

(1)

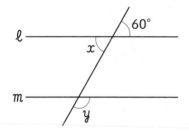

(2)

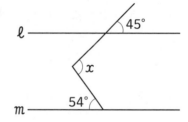

もう一歩

### 平行な直線はどれとどれ？

2直線に1直線が交わるとき，同位角または錯角が等しければ，2直線は平行になります。
右の図の直線のうち，平行な直線をさがすと，
錯角が等しいので，a//e
同位角が等しいので，b//c
となります。

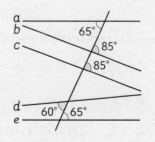

例題の答　**1** ①対頂角　②58　③同位角　④58　⑤錯角　⑥115　**2** ①錯角　②45　③30　④75

## 28

# 多角形の角 ①

## まず ココ！ 要点を確かめよう

→ 三角形の内角の和は 180° です。

→ 三角形の外角は，それととなり合わない 2 つの内角の和に等しくなります。

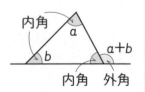

→ $n$ 角形の内角の和は，$180° \times (n-2)$ で求めることができます。

## つぎ ココ！ 解き方を覚えよう

例題 1

次の三角形で，∠$x$ の大きさを求めなさい。

(1)
65°
$x$   70°

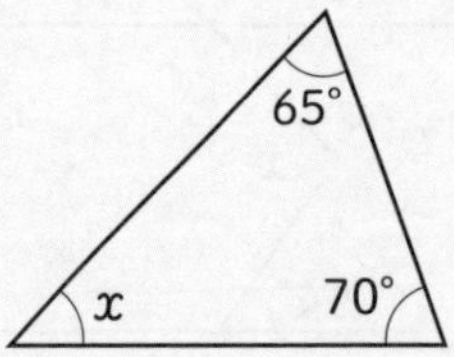

(2)
80°
47°   $x$

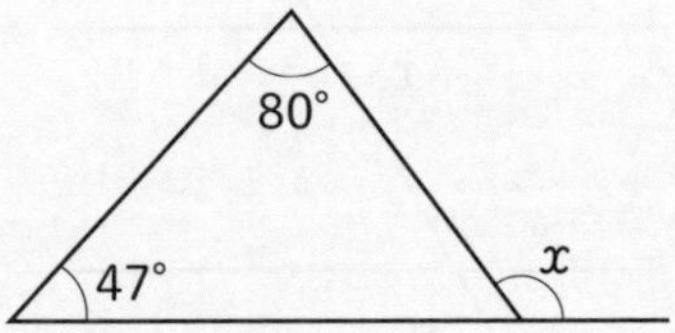

(1)  ∠$x$＋65°＋70°＝ ① [    ] ° ←三角形の内角の和は 180°

よって，∠$x$＝180°－65°－70°＝ ② [    ] °

(2)  三角形の外角は，それととなり合わない 2 つの内角の和に等しいから，

∠$x$＝80°＋47°＝ ③ [    ] °

例題 2

八角形の内角の和を求めなさい。

多角形の内角の和は，いくつかの三角形に分けて考えます。

八角形は，右の図のように，① [    ] つの三角形に分けることができます。

よって，内角の和は，$180° \times$ ② [    ] ＝ ③ [    ] °

または，公式にあてはめて，$180° \times ($ ④ [    ] $)$＝ ⑤ [    ] °

基本問題 解答⇒別冊p.10

**1** 次の図で，∠$x$ の大きさを求めなさい。

(1)

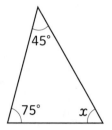

(2)

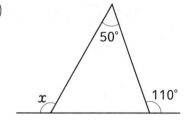

**2** 次の問いに答えなさい。

⑴ 五角形の内角の和を求めなさい。

⑵ 内角の和が 1440° である多角形は何角形ですか。

⑶ 正十二角形の 1 つの内角の大きさを求めなさい。

---

もう一歩

### 三角形の種類

三角形は内角に注目すると，3 つの三角形に分類されます。

鋭角三角形
3 つの内角がすべて
鋭角である三角形

直角三角形
1 つの内角が直角で
ある三角形

鈍角三角形
1 つの内角が鈍角で
ある三角形

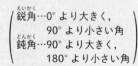

鋭角…0° より大きく，
　　　90° より小さい角
鈍角…90° より大きく，
　　　180° より小さい角

例題の答 **1** ①180 ②45 ③127 **2** ①6 ②6 ③1080 ④8−2 ⑤1080

65

# 29

第4章 図形の角と合同

# 多角形の角 ②

まず **ココ!** ▷ **要点を確かめよう**

- ➡ 多角形の外角の和は，つねに **360°** です。
- ➡ 右の図で，∠a＋∠b＋∠c＋∠d＋∠e＝360° になります。

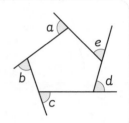

つぎ **ココ!** ▷ **解き方を覚えよう**

**例題 1** 右の図で，∠x の大きさを求めなさい。

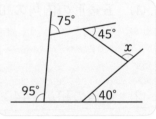

どんな多角形でも外角の和は ① [_____] °だから，

$$95°＋75°＋45°＋40°＋∠x＝① [\quad\quad]°$$

よって，

$$∠x＝360°−95°−75°−45°−40°＝② [\quad\quad]°$$

**例題 2** 右の図で，∠x の大きさを求めなさい。

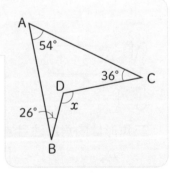

右下の図のように，辺 BD を延長した直線が辺 AC と交わる点を E とします。

三角形の外角は，それととなり合わない 2 つの内角の和に等しいから，△ABE で，

$$∠DEC＝∠BAE＋∠① [\quad\quad]$$

$$＝54°＋② [\quad]°＝③ [\quad]°$$

同様に △DEC で，

$$∠x＝∠DEC＋∠DCE＝③ [\quad]°＋36°＝④ [\quad]°$$

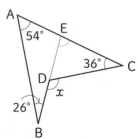

66

# 基本問題

解答⇒別冊p.10

**1** 次の問いに答えなさい。

(1) 正八角形の1つの外角の大きさを求めなさい。

(2) 正 $n$ 角形の1つの外角の大きさが $20°$ であるとき，$n$ の値を求めなさい。

**2** 次の図で，$\angle x$ の大きさを求めなさい。

(1)
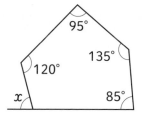

(2)
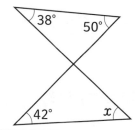

---

もう一歩

## いろいろな求め方ができるよ

図形の角度を求める問題は，解き方がただ1つとはかぎりません。
いろいろな求め方にチャレンジしてみましょう。
たとえば，右の図の $\angle x$ を求める方法は，補助線の入れ方によっ
てちがってきます。

使うのは三角形の内角，外角の性質，
平行線の同位角，錯角の性質です。
例題2で試してみましょう。

---

例題の答 **1** ①360 ②105 **2** ①ABE ②26 ③80 ④116

# 30 第4章 図形の角と合同
## 合同な図形

### まず ココ！ 要点を確かめよう

→ 平面上の2つの図形で，一方が他方にぴったり重なる図形は**合同**です。

→ 合同な図形で重なり合う頂点，辺，角をそれぞれ**対応する頂点，対応する辺，対応する角**といいます。

→ 合同な図形では，対応する線分や対応する角は等しくなります。

| 対応する辺 | 対応する角 |
|---|---|
| AB = DE | ∠A = ∠D |
| BC = EF | ∠B = ∠E |
| CA = FD | ∠C = ∠F |

→ △ABC と △DEF が合同であるとき，記号≡を使って，**△ABC≡△DEF** と表します。

### つぎ ココ！ 解き方を覚えよう

**例題1**

右の図で，△ABC と △DEF は合同です。次の問いに答えなさい。
(1) 頂点 A に対応する点はどれですか。
(2) ∠C と大きさの等しい角はどれですか。
(3) 辺 DE の長さを求めなさい。

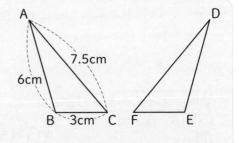

(1) 対応する点とは，2つの合同な図形をぴったり重ね合わせたときに重なる点のことです。

頂点 A と重なるのは，頂点 ①[　] です。

(2) 対応する角は大きさが等しくなるから，∠C と大きさの等しい角は，∠②[　] です。

(3) 辺 DE と対応する辺は辺 ③[　] だから，

DE = ④[　] cm

△ABC と △DEF のように，うら返してぴったり重なる図形も合同だよ。

基 本 問 題　解答⇒別冊p.10

**1** 右の図の 2 つの四角形は合同です。次の問いに答えなさい。

(1) 対応する辺をすべていいなさい。

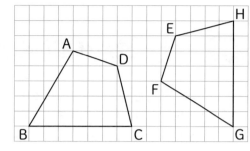

(2) 対応する角をすべていいなさい。

**2** 右の図で，四角形 ABCD≡四角形 EFGH であるとき，次の問いに答えなさい。

(1) 辺 EF の長さを求めなさい。

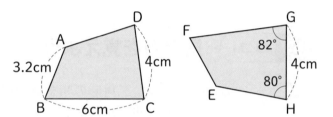

(2) ∠D の大きさを求めなさい。

もう一歩

### 合同な図形の表し方

2 つの図形が合同であるとき，記号≡を使って表しますが，対応する頂点の順に表すことがきまりです。
たとえば，右の 2 つの四角形が合同であるとき，対応する頂点の順に，
　四角形 ABCD≡四角形 EFGH
と表します。
逆にいえば，問題にこのように書いてあれば，対応する頂点がわかるということです。

例題の答　**1** ①D　②F　③AB　④6

69

# 31 三角形の合同条件

## まず ココ！ 要点を確かめよう

➡ 2つの三角形は，次のどれかが成り立つとき **合同** です。（三角形の合同条件）

① 3組の辺がそれぞれ等しい。

② 2組の辺とその間の角がそれぞれ等しい。

③ 1組の辺とその両端の角がそれぞれ等しい。

①  ②  ③

## つぎ ココ！ 解き方を覚えよう

**例題 1**

次の図で，合同な三角形の組を見つけ出し，記号≡を使って表しなさい。また，そのとき使った合同条件をいいなさい。

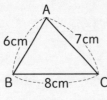
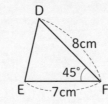
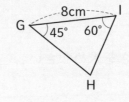
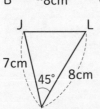
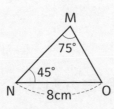
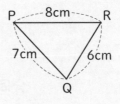

△ABC≡△ [①　　　　] 　　合同条件は，3組の [②　　] がそれぞれ等しい。

△DEF≡△ [③　　　　] 　　合同条件は， [④] 組の辺とその間の角がそれぞれ等しい。

∠O＝180°－（75°＋45°）＝60° だから，

△GHI≡△ [⑤　　　　] 　　合同条件は，1組の辺とその [⑥　　　　] の角がそれぞれ等しい。

70

基 本 問 題　解答⇒別冊p.11

**1** 次の(1)，(2)のとき，それぞれどんな条件をもう
1つつけ加えれば，△ABC と △DEF は合同に
なりますか。すべて答えなさい。

(1)　AB＝DE，AC＝DF

(2)　∠B＝∠E，BC＝EF

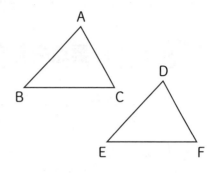

**2** 次の図で，合同な三角形の組を見つけ出し，記号≡を使って表しなさい。また，
そのとき使った合同条件をいいなさい。ただし，(1)の点 O は線分 AB，CD の
交点です。

(1)　AO＝DO，CO＝BO

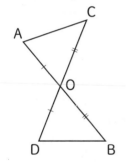

(2)　AB＝CB，AD＝CD

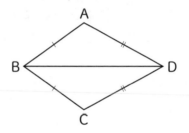

もう一歩

## 「間の角」「両端の角」に注意しよう

三角形の合同条件を
「2組の辺とその間の角」── 「2組の辺と1組の角」
「1組の辺とその両端の角」── 「1組の辺と2組の角」
と考えてはいけません。
右の図のように，「間の角」や，「両端の角」がそれぞ
れ等しくないときは，合同になるとはいえません。

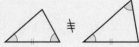

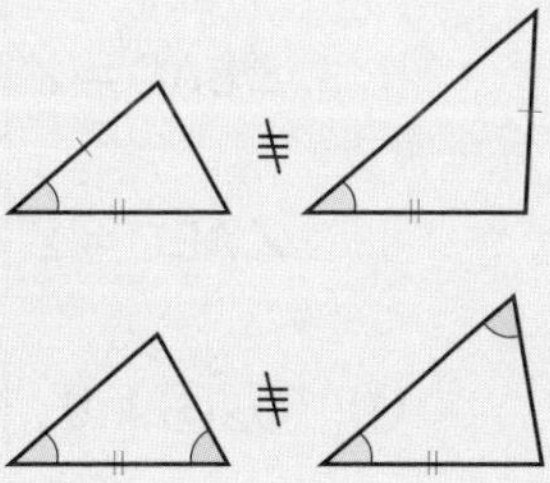

例 題 の 答　**1** ①QRP　②辺　③LJK　④2　⑤NMO　⑥両端

# 証明のしくみ

### まず ココ！ 要点を確かめよう

➡ あることがらが成り立つことを，すでに正しいとわかっている性質を根拠にして示すことを**証明**といいます。

➡ 「 a ならば， b である。」という形で表されるとき， a の部分を**仮定**といい， b の部分を**結論**といいます。

### つぎ ココ！ 解き方を覚えよう

**例題 1** 右の図で，AB＝DC，AB∥CD ならば，△AOB≡△DOC となります。これについて，次の問いに答えなさい。
(1) 仮定と結論をいいなさい。
(2) このことを証明しなさい。

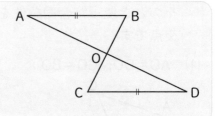

(1) （仮定） AB＝ ⓵〔　　　　〕 ，AB∥ ⓶〔　　　　〕
　　　　　↑
　　　　└ わかっていること

　　（結論） △AOB≡△ ⓷〔　　　　〕
　　　　　　　↑
　　　　　　└ 証明したいこと

(2) （証明） △AOB と △ ⓷〔　　　　〕 において，

　　　　　　AB＝ ⓸〔　　〕 ……①

　　AB∥ ⓹〔　　〕 より，平行線の ⓺〔　　〕 は等しいから，

　　　　　　∠BAO＝∠ ⓻〔　　〕 ……②

　　　　　　∠ABO＝∠ ⓼〔　　〕 ……③

　　①，②，③より，⓽〔　　　　　　　　　　　〕がそれぞれ等しいから，

　　　　　　△AOB≡△ ⓷〔　　　　〕

> 証明とは，
> ①仮定から出発し，
> ②すでに正しいと認められたことがらを根拠にして，
> ③結論を導く
> ことだよ。

基 本 問 題　解答⇒別冊p.11

第1章

第2章

第3章

第4章

第5章

第6章

**1** 次のことがらについて，仮定と結論をいいなさい。

(1) △ABC≡△DEF ならば，∠A=∠D である。
（仮定）　　　　　　　　　　　　　（結論）

(2) $x$ が9の倍数ならば，$x$ は3の倍数である。
（仮定）　　　　　　　　　　　　　（結論）

**2** 右の図で，点 O が線分 AB, CD のそれぞれの中点ならば，
△AOC≡△BOD であることを，次のように証明しま
した。□ にあてはまる記号やことばを入れなさい。

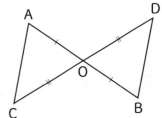

（証明）　△AOC と △ □ において，

仮定から，OA= □ ……①

OC= □ ……②

対頂角は等しいから，∠AOC=∠ □ ……③

①，②，③より，□ がそれぞれ等しいから，

△AOC≡△ □

もう一歩

### 図に印をつけよう

三角形の合同を証明するときなど，問題の図を見ただけで，どの三角形とど
の三角形が合同かすぐわかってしまう場合があります。でも，見た目だけで
決めないで，合同条件が本当に使えるのか確認する必要があります。問題文
に示された条件や，わかっていることを必ず図に印をつけるなどして確認し，
どの合同条件が使えるかはっきりさせるようにしましょう。フリーハンドで
いいので，問題の図をかいてみるとよくわかりますよ。

例 題 の 答　**1** ①DC　②CD　③DOC　④DC　⑤CD　⑥錯角　⑦CDO　⑧DCO　⑨1組の辺とその両端の角

## 33 三角形の合同の証明

第4章 図形の角と合同

### まず ココ！ 要点を確かめよう

➡ 線分の長さや角の大きさが等しいことを証明するとき，三角形の合同を根拠（こんきょ）として使うことが多くあります。図の中に合同な三角形がないか，まずはさがしてみましょう。

➡ 証明するときの根拠としてよく使われるものには，対頂角の性質，平行線と角の関係，三角形の角の関係，合同な図形の性質，三角形の合同条件などがあります。

### つぎ ココ！ 解き方を覚えよう

**例題 1** 右の図で，AB＝DC，∠ABC＝∠DCB ならば，AC＝DB となります。このことを，三角形の合同を使って証明しなさい。

（証明）　△[①⬚] と △DCB において，

仮定から，AB＝[②⬚]　……①

　　　　　∠ABC＝∠[③⬚]　……②

また，BC＝[④⬚]（共通）……③

①，②，③より，[⑤⬚]

がそれぞれ等しいから，

　　△[①⬚]≡△DCB

合同な三角形の対応する辺は等しいから，

　　AC＝[⑥⬚]

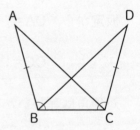

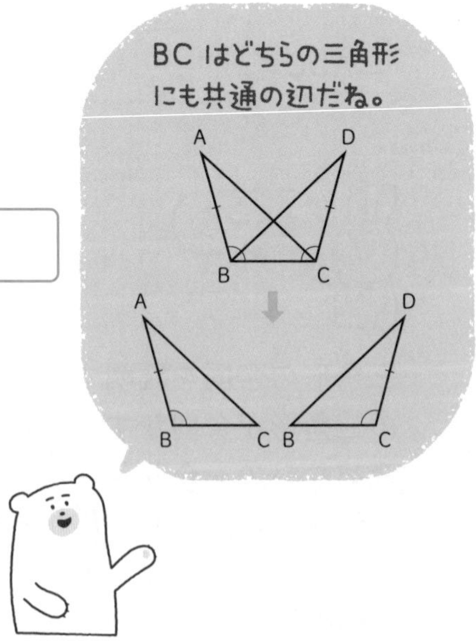

BC はどちらの三角形にも共通の辺だね。

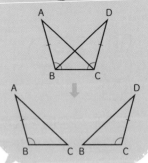

基 本 問 題　解答⇒別冊p.11

**1** AD∥BC である台形 ABCD において，辺 CD の中点
を M とし，AM の延長と BC の延長の交点を F とし
ます。このとき，AM＝FM となることを証明します。
次の問いに答えなさい。

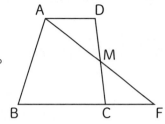

(1)　辺 CD の中点が M であることを，記号を使って表
すとどう表せますか。◯ にあてはまる記号を入れ
なさい。

DM＝ ☐

(2)　どの三角形とどの三角形の合同を示せば，AM＝FM を証明できますか。

(3)　AM＝FM となることを証明しなさい。
（証明）

もう一歩

### 記号で表してみよう

証明をするときには，なるべく文章で説明することはさけて，記号を使って
短く簡単に示すようにします。
たとえば，基本問題 **1** のように「M は辺 CD の中点」とことばで書かず，
「DM＝CM」と書いて，M が中点であることを示します。また，正三角形
ABC の 3 つの辺が等しいことを使いたいときは，「三角形 ABC は正三角形」
ではなく，「（△ABC で）AB＝BC＝CA」と書きます。

例 題 の 答　**1** ①ABC　②DC　③DCB　④CB　⑤2 組の辺とその間の角　⑥DB

# 確認テスト ④

解答⇒別冊p.11, 12

/ 100

**1** 次の図で，ℓ//m のとき，∠x，∠y の大きさを求めなさい。(10点×2＝20点)

● できなければ，p.62, 64 へ

(1)
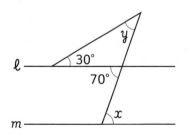

(2)
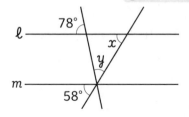

**2** 次の図で，∠x の大きさを求めなさい。(10点×2＝20点)

● できなければ，p.64 へ

(1)
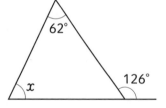

(2)
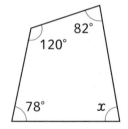

**3** 次の問いに答えなさい。(10点×2＝20点)

● できなければ，p.64 へ

(1) 九角形の内角の和を求めなさい。

(2) 正二十角形の1つの内角の大きさを求めなさい。

⊙ 平行線があるところでは同位角や錯角が等しいので，それが使えないか確認しよう。
⊙ $n$ 角形の内角の和は $180° \times (n-2)$，どんな多角形でも外角の和は $360°$ になること を覚えておこう。
⊙ 三角形の合同条件は，これからも使うので，絶対に覚えておこう。

第1章
第2章
第3章
第4章
第5章
第6章

**4** 下の図で，〔 〕内のことがいえるのは，三角形のどの合同条件によるのか答え なさい。（同じ印は，長さが等しいことを示します。）(10点×2＝20点)

➡ できなければ，p.70 へ

(1)
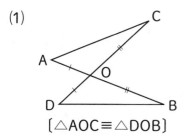

〔△AOC≡△DOB〕

(2)
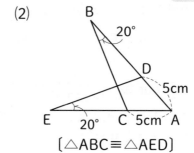

〔△ABC≡△AED〕

**5** 右の図で，AB＝CD，AD＝CB ならば， ∠ADB＝∠CBD であることを証明しなさい。(20点)

➡ できなければ，p.72, 74 へ

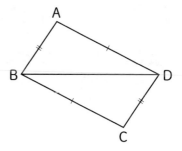

（証明）

これで **レベルアップ**

右の星形の図形の ∠a＋∠b＋∠c＋∠d＋∠e の角度を求めてみ ましょう。

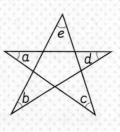

複雑にみえる図形ですが，左下の図のように，三角形の外角を 求める方法で，∠a と∠c，∠b と∠d を移動させれば，1 つの三角形の内 角になりますね。

よって，∠a＋∠b＋∠c＋∠d＋∠e＝180° になります。

# 34

第5章 三角形と四角形

# 二等辺三角形の性質

## まず ココ！ 要点を確かめよう

→ ことばの意味をはっきり述べたものを定義といいます。

→ 証明されたことがらのうち，証明の根拠としてよく使われるものを定理といいます。

→ 二等辺三角形の定義は，「2辺が等しい三角形」です。

→ 二等辺三角形の性質として，次の2つがあり，これらは定理として使えます。

　⑦　二等辺三角形の底角は等しい。

　④　二等辺三角形の頂角の二等分線は，底辺を垂直に2等分する。

## つぎ ココ！ 解き方を覚えよう

例題 1

次の図で，同じ印をつけた辺は等しいとして，∠$x$，∠$y$の大きさを求めなさい。

(1)
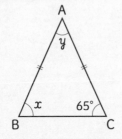

(2)
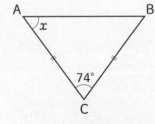

(1) 二等辺三角形の底角は等しいから，　←∠B＝∠C

　　∠$x$は底角なので，∠$x$＝ ① □ °

　　∠Aは頂角だから，

　　∠$y$＝180°－ ② □ °×2＝ ③ □ °

(2) 頂角は∠C，底角が∠A，∠Bだから，　←∠A＝∠B

　　∠$x$＝（180°－ ④ □ °）÷2＝ ⑤ □ °

二等辺三角形の定義と定理を使いこなそう。

## 基本問題 解答⇒別冊p.12

**1** 次の △ABC で，AB＝AC のとき，∠$x$ の大きさを求めなさい。

(1)
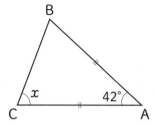

(2)
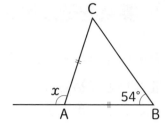

**2** 右の図のように，△ABC の辺 AC 上に点 O があり，OA＝OB＝OC です。∠BAC＝35° であるとき，次の問いに答えなさい。

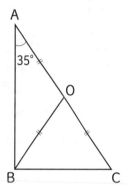

(1) ∠ACB の大きさを求めなさい。

(2) ∠ABC の大きさを求めなさい。

もう一歩

### 「底辺を垂直に2等分する」とは？

二等辺三角形の性質に「二等辺三角形の頂角の二等分線は，底辺を垂直に2等分する」があります。図に表してみましょう。
右の図のように，

<u>AB＝AC で ∠BAD＝∠CAD</u> ならば，
二等辺三角形の頂角の二等分線

<u>BD＝CD</u>，<u>BC⊥AD</u> になる
底辺を2等分　底辺と二等分線は垂直

ということです。

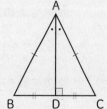

例題の答　1 ①65　②65　③50　④74　⑤53

# 35

第5章 三角形と四角形

# 二等辺三角形と証明

 まず ココ！ ▷ **要点を確かめよう**

➡ 二等辺三角形の定義から，二等辺三角形に関する<u>定理</u>が導けます。

➡ 定理は，正しいと認められたことがらなので，これからはいろいろな図形の証明に使うことができます。

➡ 正三角形の定義は，「<u>3つの辺が等しい三角形</u>」です。

つぎ ココ！ ▷ **解き方を覚えよう**

例題 1 △ABC で，AB＝AC ならば ∠B＝∠C です。このとき，次の問いに答えなさい。
(1) 証明しなさい。
(2) 証明されたのは，どのような定理ですか。

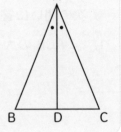

(1) （証明） ∠A の二等分線をひいて，BC との交点を D とする。

　　　△ABD と △[①＿＿＿＿] において，

　　　仮定から，AB＝[②＿＿＿] ……①

　　　　　　　AD は共通 ……②

　　　AD は ∠A の二等分線だから，

　　　　∠BAD＝∠[③＿＿＿＿] ……③

　　　①，②，③より，[④＿＿＿＿＿＿＿＿＿] がそれぞれ等しいから，

　　　△ABD≡△[①＿＿＿＿]

　　　合同な三角形の対応する角は等しいから，

　　　　∠B＝∠[⑤＿＿＿]

(2) 二等辺三角形の [⑥＿＿＿＿] は等しい。

**1** 二等辺三角形 ABC の等しい辺 AB，AC の中点をそれぞれ D，E とし，B と E，C と D を結びます。このとき，BE＝CD となることを証明しなさい。

（証明）

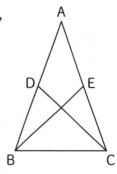

**2** 正三角形の３つの角が等しくなることを，次のように証明しました。◯ にあてはまる記号を入れなさい。

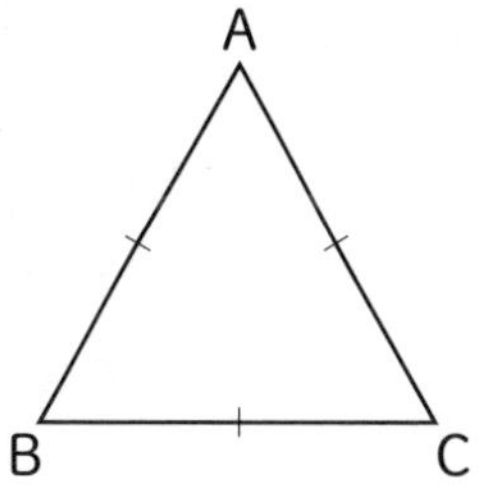

（証明）　△ABC を AB＝AC である二等辺三角形と考えると，

∠B＝∠ ◯ ……①

また，△ABC を BA＝ ◯ である二等辺三角形と考えると，

∠A＝∠C ……②

①，②より，∠A＝∠B＝∠ ◯

 もう一歩

## 二等辺三角形と正三角形

基本問題 **2** のように，正三角形の証明で，正三角形を二等辺三角形と考えたように，正三角形は二等辺三角形の特別な形とみることができます。
二等辺三角形で，２つの辺だけではなくすべての辺の長さが等しくなった場合が，正三角形です。よって，正三角形は二等辺三角形の性質をすべてもっているといえます。
正三角形の定義は「３つの辺が等しい三角形」で，性質は「３つの角が等しい」です。

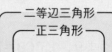
二等辺三角形
正三角形

例 題 の 答　**1** ①ACD　②AC　③CAD　④２組の辺とその間の角　⑤C　⑥底角

# 36 二等辺三角形になる条件

第5章 三角形と四角形

## まず ココ! ▷ 要点を確かめよう

→ 三角形が二等辺三角形になる条件
「三角形の2つの角が等しければ，その三角形は，等しい2つの角を底角とする二等辺三角形である」（定理）

→ あることがらの仮定と結論を入れかえたものを，そのことがらの逆といいます。

$\boxed{a}$ ならば，$\boxed{b}$ $\overset{逆}{\longleftrightarrow}$ $\boxed{b}$ ならば，$\boxed{a}$

## つぎ ココ! ▷ 解き方を覚えよう

**例題 1** 右の図で，AC と DB の交点を P とします。
AB＝DC，AC＝DB ならば，△PBC は二等辺三角形であることを証明しなさい。

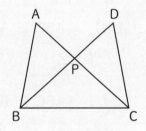

（証明） △ABC と △$\boxed{①\qquad}$ において，

仮定から，

AB＝$\boxed{②\qquad}$ ……①

AC＝$\boxed{③\qquad}$ ……②

BC は共通 ……③

①，②，③より，$\boxed{④\qquad}$ がそれぞれ等しいから，

△ABC≡△$\boxed{①\qquad}$

合同な三角形の対応する角は等しいから，

∠ACB＝∠$\boxed{⑤\qquad}$

つまり，∠PCB＝∠PBC

よって，2つの角が等しいから，△$\boxed{⑥\qquad}$ は二等辺三角形である。

三角形の合同が証明されれば，対応する角は等しいといえるね。

## 基本問題

解答⇒別冊p.12

**1** 次のことがらの逆をいいなさい。

(1) △ABC と △DEF で，△ABC≡△DEF ならば，∠B＝∠E である。

(2) △ABC で，∠A＝90° ならば，∠B＋∠C＝90° である。

**2** 右の図のように，△ABC の ∠B の二等分線が辺 AC と
交わる点を D とします。D から辺 BC に平行な直線を
ひき，辺 AB との交点を E とするとき，△EBD は二等
辺三角形になることを証明しなさい。

（証明）

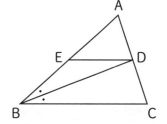

---

もう一歩

### 逆もまた "真" なりか？

あることがらの仮定と結論を入れかえたものを，そのことがらの逆といいま
したね。
たとえば，「二等辺三角形の 2 つの底角は等しい」の逆は，「2 つの角が等し
い三角形は二等辺三角形」ですね。これは証明されているので，この逆も正し
いといえます。
しかし，正しいことの逆はいつでも正しいとはかぎりません。
基本問題 **1** の(1)では，逆は「△ABC と △DEF で，∠B＝∠E ならば，
△ABC≡△DEF」です。これは正しいですか。
1 組の角が等しいだけでは，2 つの三角形は合同にはなりませんね。
このように，逆が正しくないときもあるのです。

例題の答 **1** ①DCB ②DC ③DB ④3 組の辺 ⑤DBC ⑥PBC

# 直角三角形の合同条件

## まず ココ! 要点を確かめよう

→ 直角三角形の直角に対する辺を斜辺（しゃへん）といいます。

→ 2つの直角三角形は，次のどちらかが成り立つとき合同です。

（直角三角形の合同条件）

① 斜辺と1つの鋭角（えいかく）がそれぞれ等しい。

② 斜辺と他の1辺がそれぞれ等しい。

①　　　　　　　　　　　　　②

## つぎ ココ! 解き方を覚えよう

**例題 1**　右の図において，点Pは∠XOYの二等分線上の点であり，PA⊥OX，PB⊥OYです。このとき，PA＝PB であることを証明しなさい。

（証明）　△OAP と △ ①[　　　　] において，

仮定より，OP は∠XOYの二等分線だから，

∠AOP＝∠ ②[　　　] ……①

PA⊥OX，PB⊥OY より，

∠OAP＝∠ ③[　　　] ＝ ④[　　]° ……②

OP は共通 ……③

①，②，③より，直角三角形の ⑤[　　　　　　　　　　] がそれぞれ等しいから，

△OAP≡△ ①[　　　]

合同な三角形の対応する辺は等しいから，

PA＝ ⑥[　　　]

## 基 本 問 題

解答⇒別冊p.13

**1** 線分 AB の中点 M を通る直線 ℓ に，線分の両端 A，B から垂線 AP，BQ をひきます。このとき，AP＝BQ となることを証明しなさい。

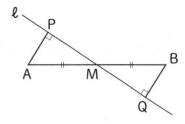

（証明）

**2** ∠A＝90° の直角三角形 ABC で，辺 BC 上に，BA＝BD となる点 D をとります。D を通る BC の垂線をひき，AC との交点を E とするとき，EB は ∠ABC を 2 等分することを証明しなさい。

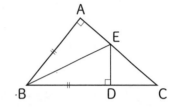

（証明）

もう一歩

### 少し難しい問題にチャレンジ！

右の図のように，直角二等辺三角形 ABC の直角の頂点 A を通る直線 ℓ に，B，C から垂線 BH，CK をひきます。このとき，△ABH と △CAK が合同であることを証明してみましょう。

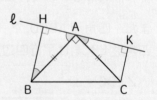

△ABH と △CAK において，
仮定より，AB＝CA ……①，∠AHB＝∠CKA＝∠90° ……②
三角形の内角の和は 180° だから，
　∠HBA＝180°−90°−∠HAB＝90°−∠HAB
また，直線は 180° だから，
　∠KAC＝180°−90°−∠HAB＝90°−∠HAB
よって，∠HBA＝∠KAC ……③
①，②，③より，直角三角形の斜辺と 1 つの鋭角がそれぞれ等しいから，
　△ABH≡△CAK

例題の答 **1** ①OBP ②BOP ③OBP ④90 ⑤斜辺と 1 つの鋭角 ⑥PB

# 38 平行四辺形の性質

## まず ココ！ 要点を確かめよう

→ 四角形の向かい合う辺を**対辺**，向かい合う角を**対角**といいます。

→ 平行四辺形の定義は，「**2組の対辺がそれぞれ平行な四角形**」です。

→ 平行四辺形には次の性質があります。

① 平行四辺形の **2組の対辺**はそれぞれ等しい。

② 平行四辺形の **2組の対角**はそれぞれ等しい。

③ 平行四辺形の**対角線**は，それぞれの中点で交わる。

## つぎ ココ！ 解き方を覚えよう

例題 1

右の図の平行四辺形 ABCD で，AB∥GH，AD∥EF です。このとき，∠a，∠b の大きさを求めなさい。

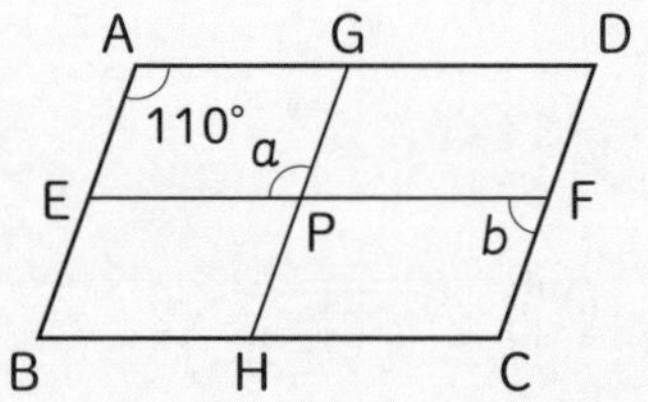

四角形 AEPG は平行四辺形だから，2組の ①[　　　] は

それぞれ等しいので，∠a＝②[　　　]°。

また，四角形 ABCD で，∠ABC＝180°－110°＝70°
　　　　　　　　　　　　└─平行四辺形のとなり合う角の和は180°

四角形 EBCF は平行四辺形だから，

　∠EBC＝∠③[　　　]，∠b＝④[　　　]°。

例題 2

右の図の平行四辺形 ABCD で，AB∥GH，AD∥EF です。このとき，$x$，$y$ の値を求めなさい。

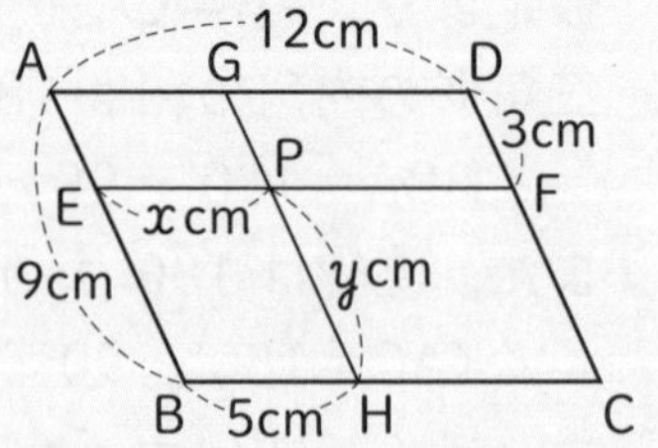

四角形 EBHP は平行四辺形だから，2組の ①[　　　] は

それぞれ等しいので，$x＝$②[　　　]

また，四角形 ABCD も四角形 PHCF も平行四辺形で，AB＝DC，PH＝FC だから，

FC＝DC－DF＝③[　　　]（cm）より，$y＝$④[　　　]

86

1 右の図で，四角形 ABCD は平行四辺形で，点 O は対角線の交点です。次の問いに答えなさい。

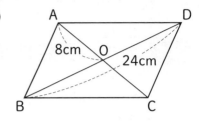

(1) CO の長さを求めなさい。

(2) BO の長さを求めなさい。

2 右の図で，四角形 ABCD は平行四辺形です。次の問いに答えなさい。

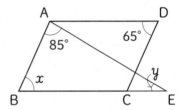

(1) ∠$x$ の大きさを求めなさい。

(2) ∠$y$ の大きさを求めなさい。

もう一歩

### 平行四辺形のとなり合う角の和は，なぜ 180°？

㋐ AD∥BC で，平行線の錯角は等しいから，
∠$a$＋∠$b$＝180°

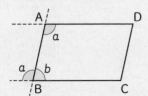

㋑ 四角形の内角の和は 360° だから，
∠$a$＋∠$b$＋∠$a$＋∠$b$＝360°
∠$a$＋∠$b$＝360°÷2＝180°

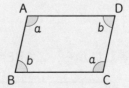

例 題 の 答　1 ①対角　②110　③CFE　④70　2 ①対辺　②5　③6　④6

# 39 平行四辺形と証明

第5章 三角形と四角形

**まず ココ！ 要点を確かめよう**

➡ 2つの三角形が合同になることを利用して，**平行四辺形の性質**を証明することができます。

**つぎ ココ！ 解き方を覚えよう**

**例題 1** 右の図の平行四辺形 ABCD で，AB＝DC，AD＝BC となることを証明しなさい。

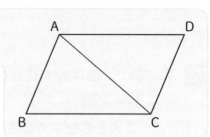

（証明） △ABC と △CDA において，

平行線の錯角は等しいから，

$$\angle BAC = \angle \boxed{①} \quad \cdots\cdots ①$$

$$\angle \boxed{②} = \angle DAC \quad \cdots\cdots ②$$

AC は共通 ……③

①，②，③より，$\boxed{③}$ がそれぞれ等しいから，

△ABC≡△CDA

よって，AB＝DC，AD＝BC

**例題 2** 右の図の平行四辺形 ABCD で，対角線 BD 上に，BE＝DF となるように2点 E，F をとると，△ABE≡△CDF となることを証明しなさい。

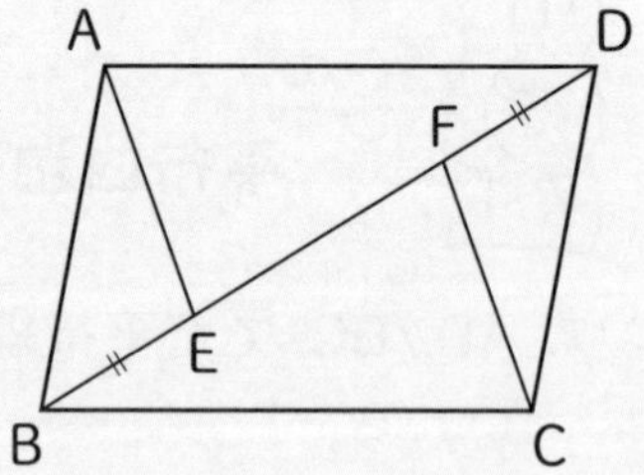

（証明） △ABE と △CDF において，

仮定から，BE＝DF ……①

平行四辺形の対辺はそれぞれ等しいから，

$$AB = \boxed{①} \quad \cdots\cdots ②$$

平行線の錯角は等しいから，$\angle ABE = \angle \boxed{②} \quad \cdots\cdots ③$

①，②，③より，$\boxed{③}$ がそれぞれ等しいから，

△ABE≡△CDF

第1章

第2章

第3章

第4章

第5章

第6章

基本問題 解答⇒別冊p.13

1 右の図の平行四辺形 ABCD で，AC と BD の交点
を O とするとき，OA＝OC，OB＝OD となること
を証明しなさい。

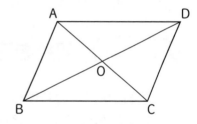

（証明）

2 右の図のように，平行四辺形 ABCD の対角線の交点
を O とし，O を通る直線が AD，BC と交わる点を E，
F とするとき，OE＝OF となることを証明しなさい。

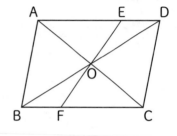

（証明）

もう一歩

## 三角形の合同条件を使いこなそう

平行四辺形の性質に関する証明では，三角形の合同条件をうまく使うことが
重要になってきます。3 つの合同条件のうち，どれを使えば証明できるかを
よく考えて証明してみましょう。
特に，平行線の同位角，錯角は絶対といっていいほど使用される割合が高い
ので，平行線に直線が交わる部分に注目して，しっかりと見きわめましょう。

例題の答 1 ①DCA ②BCA ③1組の辺とその両端の角 2 ①CD ②CDF ③2組の辺とその間の角

# 40 平行四辺形になる条件

## まず ココ！ 要点を確かめよう

⮕ 四角形は，次の条件のうちどれかが成り立てば，平行四辺形になります。
① 2組の対辺がそれぞれ平行である。（定義）
② 2組の対辺がそれぞれ等しい。
③ 2組の対角がそれぞれ等しい。
④ 対角線がそれぞれの中点で交わる。
⑤ 1組の対辺が平行でその長さが等しい。

## つぎ ココ！ 解き方を覚えよう

例題
1

右の図のように，平行四辺形 ABCD の対角線
の交点を O とし，対角線 AC 上に，AP＝CQ
となるように 2 点 P，Q をとります。このと
き，四角形 PBQD は平行四辺形であることを
証明しなさい。

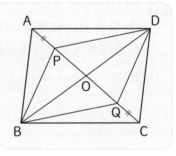

（証明） 平行四辺形の対角線は，それぞれの中点で交わ
るから，

BO＝ [①     ] ……①

AO＝CO

また，PO＝AO－ [②     ]

QO＝CO－ [③     ]

仮定から，AP＝CQ だから，

PO＝ [④     ] ……②

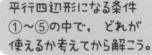
平行四辺形になる条件
①～⑤の中で，どれが
使えるか考えてから解こう。

①，②より， [⑤          ] がそれぞれの中点で交わるから，四角形 PBQD は平行四
辺形である。

**1** 右の図のように，平行四辺形 ABCD の対角線 BD に，A，C からそれぞれ垂線 AE，CF をひくとき，四角形 AECF は平行四辺形になることを，次のように証明しました。
☐にあてはまる記号やことばを入れなさい。

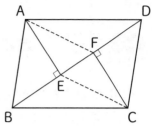

（証明）　△ABE と △CDF において，

平行四辺形の対辺はそれぞれ等しいから，AB=☐　……①

仮定から，∠AEB=∠CFD=☐°　……②

平行線の錯角は等しいから，∠ABE=∠CDF　……③

①，②，③より，直角三角形の☐がそれぞれ等しいから，△ABE≡△CDF

よって，AE=☐　……④

また，∠AEF=∠☐=90° より，錯角が等しくなるので，

AE//☐　……⑤

④，⑤より，☐から，

四角形 AECF は平行四辺形である。

　もう一歩

### 平行四辺形になる？　ならない？

右の図のように，㋐AD=BC，AD//BC のとき，四角形 ABCD は，いつでも平行四辺形になります。
しかし，㋑AB=DC，AD//BC のとき，四角形 ABCD はいつでも平行四辺形になるとはかぎりません。台形 ABCD も，AB=DC，AD//BC ですが，平行四辺形ではありません。このことから，「AB=DC，AD//BC」であることは，平行四辺形になる条件にはならないことがわかりますね。

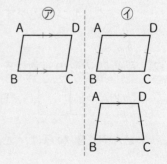

41

第5章 三角形と四角形

# 特別な平行四辺形

## まず ココ! 要点を確かめよう

- 4つの角がすべて等しい四角形を**長方形**といいます。長方形の対角線の長さは等しくなります。
- 4つの辺がすべて等しい四角形を**ひし形**といいます。ひし形の対角線は垂直に交わります。
- 4つの辺がすべて等しく，4つの角がすべて等しい四角形を**正方形**といいます。正方形の対角線は，長さが等しく，垂直に交わります。
- 長方形，ひし形，正方形は平行四辺形の特別な場合であり，平行四辺形の性質をすべてもっています。

## つぎ ココ! 解き方を覚えよう

例題 1

右の図の平行四辺形 ABCD に，次の条件を加えると，それぞれどんな四角形になりますか。

(1)　AB＝BC　　　(2)　∠A＝∠B

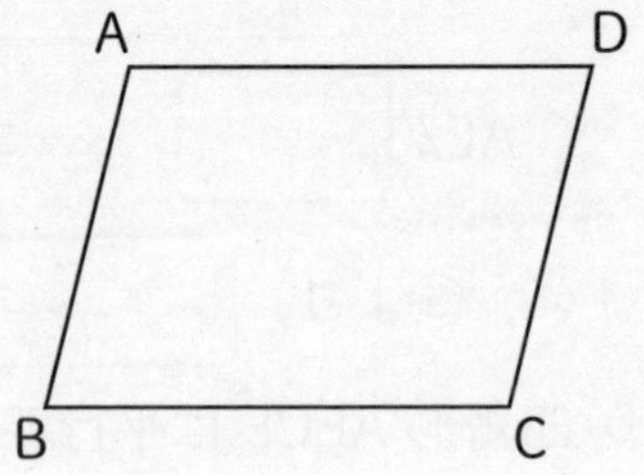

(1)　平行四辺形の対辺はそれぞれ等しいから，

AB＝①[　　]，BC＝②[　　]

AB＝BC ならば，AB＝BC＝①[　　]＝②[　　]

よって，4つの辺がすべて等しいから，平行四辺形 ABCD は③[　　]になります。

(2)　平行四辺形の対角はそれぞれ等しいから，

∠A＝∠④[　　]，∠B＝∠⑤[　　]

∠A＝∠B ならば，∠A＝∠B＝∠④[　　]＝∠⑤[　　]

よって，4つの角がすべて等しいから，平行四辺形 ABCD は⑥[　　]になります。

# 基本問題

解答⇒別冊p.14

**1** 右の図の平行四辺形 ABCD に，次の条件を加えると，それぞれどんな四角形になりますか。

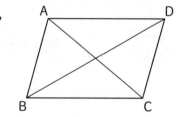

(1) AC＝BD

(2) AC⊥BD

(3) ∠A＝∠B，AB＝BC

**2** 右の図の長方形 ABCD において，2 本の対角線の長さ AC と DB が等しくなることを証明しなさい。

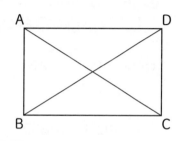

（証明）

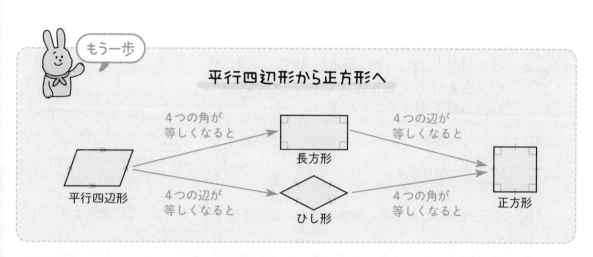

もう一歩

## 平行四辺形から正方形へ

平行四辺形 — 4つの角が等しくなると → 長方形

平行四辺形 — 4つの辺が等しくなると → ひし形

長方形 — 4つの辺が等しくなると → 正方形

ひし形 — 4つの角が等しくなると → 正方形

例題の答 1 ①DC ②AD ③ひし形 ④C ⑤D ⑥長方形

# 平行線と面積

## まず ココ！ 要点を確かめよう

➡ 2本の直線が平行であるとき，2直線間の距離はつねに一定です。

➡ 2つの三角形で，底辺が共通で高さが等しければ，面積は等しくなります。

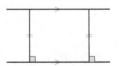

## つぎ ココ！ 解き方を覚えよう

 例題 1　右の図の △PAB と △QAB について，2つの三角形の面積が等しいことを証明しなさい。

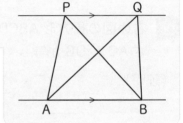

（証明）　PQ $\boxed{①\phantom{xx}}$ AB なので，2つの三角形の $\boxed{②\phantom{xxxx}}$ は等しい。

2つの三角形の底辺 $\boxed{③\phantom{xxx}}$ は共通である。

よって，底辺と高さがそれぞれ等しいので，

△PAB＝△QAB

└─面積が等しいことを表す

 例題 2　右の図のように，平行四辺形 ABCD の対角線の交点を O とするとき，△ABC と面積が等しい三角形をすべて答えなさい。

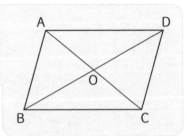

△ABC で底辺を AB とすると，高さが等しい三角形は

△ $\boxed{①\phantom{xxx}}$ になります。

△ABC で底辺を BC とすると，高さが等しい三角形は △ $\boxed{②\phantom{xxx}}$ になります。

△ABC で底辺を AC とすると，高さが等しい三角形は △ $\boxed{③\phantom{xxx}}$ になります。

第1章

第2章

第3章

第4章

第5章

第6章

**1** 右の図のような，AD∥BC である台形 ABCD があります。対角線の交点を O として，次の問いに答えなさい。

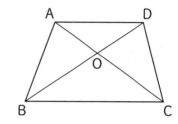

(1) △ABC と面積が等しい三角形を答えなさい。

(2) △AOB と面積が等しい三角形を答えなさい。

**2** 右の図で，四角形 ABCD は平行四辺形で，EF∥BD とします。このとき，△ABE と面積が等しい三角形をすべて答えなさい。

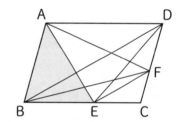

もう一歩

## 面積を変えずに形だけを変える

右の図の四角形 ABCD と面積が等しい三角形は，次のように作図することができます。

① 点 A を通り，対角線 BD に平行な直線 $\ell$ をひく。

② 直線 $\ell$ と辺 CD の延長との交点を E とする。

③ B と E を結ぶ。

△ABD＝△EBD だから，四角形 ABCD と三角形 BCE の面積は等しくなります。

例題の答 **1** ①∥ ②高さ ③AB **2** ①ABD ②DBC ③ADC

# 確認テスト ⑤

解答⇒別冊p.14

**1** 次の図で，∠x の大きさを求めなさい。(10点×2＝20点)　→できなければ，p.78, 86 へ

(1)

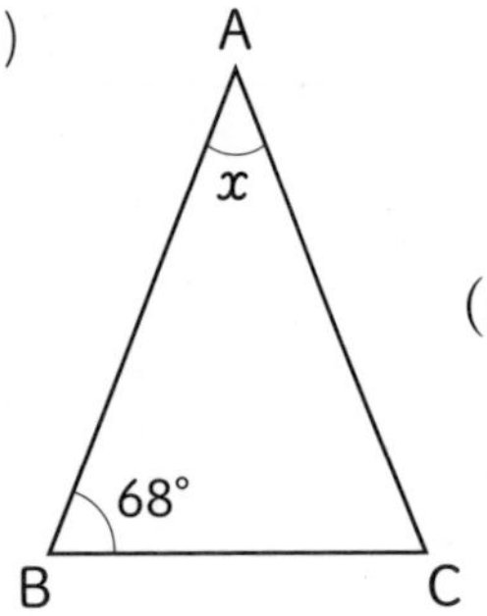

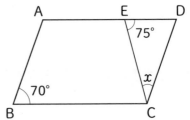

（AB＝AC）

68°

(2)　四角形 ABCD は平行四辺形

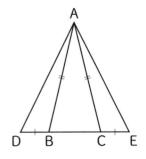

75°

x

70°

**2** 二等辺三角形 ABC の底辺 BC の延長上に，点 D，E をとり，BD＝CE とするとき，△ADE が二等辺三角形であることを証明しなさい。(20点)　→できなければ，p.80, 82 へ

（証明）

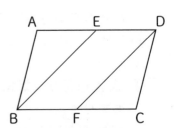

**3** 平行四辺形 ABCD で，辺 AD，BC の中点をそれぞれ E，F とするとき，四角形 EBFD は平行四辺形であることを証明しなさい。(20点)　→できなければ，p.90 へ

（証明）

得点UP
アドバイス

⊙ いろいろな三角形や四角形の定義をしっかり覚えておこう。
⊙ p.93 のもう一歩にある特別な平行四辺形の条件の違いを理解しておこう。
⊙ 四角形の証明でも三角形の合同を使うので，合同条件は確実に覚えておくこと。

**4** 平行四辺形 ABCD にどの条件を加えると，次の(1)，(2)の四角形になりますか。あてはまるものを，下のア～エからすべて選びなさい。（10点×2＝20点）

→できなければ，p.92 へ

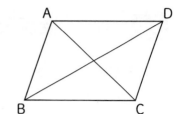

(1)　長方形

(2)　ひし形

**ア** AB＝AD　　**イ** AC＝BD　　**ウ** ∠A＝90°　　**エ** AC⊥BD

**5** 右の図は，四角形 ABCD の辺 BC の延長上に点 E をとり，AC∥DE としたものです。次の問いに答えなさい。（10点×2＝20点）

→できなければ，p.94 へ

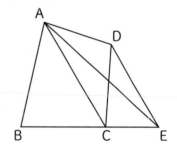

(1)　△AEC と面積が等しい三角形を答えなさい。

(2)　四角形 ABCD と面積が等しい三角形を答えなさい。

これで　レベルアップ

右の図のように，長方形の土地が折れ線 ABC で 2 つの部分⑦，⑦に分かれています。点 A を通り，それぞれの土地の面積を変えないような直線をひきましょう。

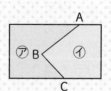

右下の図のように，点 B を通り AC に平行な直線 ED をひくと，
AC∥ED より，△ABC＝△ADC
よって，
五角形 ABCSR＝四角形 ACSR＋△ABC＝四角形 ACSR＋△ADC
　　　　　＝四角形 ADSR
求める直線は，直線 AD であることがわかります。

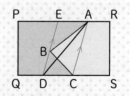

第1章
第2章
第3章
第4章
第5章
第6章

# 43 確率の求め方

第6章 確率とデータ

## まず ココ! 要点を確かめよう

→ あることがらの起こりやすさの程度を表す数を，そのことがらの起こる確率といいます。

→ コインの表と裏の出方やさいころの目の出方など，どの結果も同じ程度に期待できるとき，同様に確からしいといいます。

→ 起こりうる場合が全部で $n$ 通りあり，そのどれが起こることも同様に確からしいとします。そのうち，ことがら A の起こる場合が $a$ 通りあるとき，ことがら A が起こる確率 $p$ は，$p = \dfrac{a}{n}$

## つぎ ココ! 解き方を覚えよう

### 例題 1

1枚のコインを投げるとき，表が出る確率を求めなさい。

コインの出方は表と裏の □① 通りあり，それらは同様に確からしい。

よって，表が出る確率は，□②

A の起こる確率は，
$\dfrac{\text{A の起こる場合の数}}{\text{すべての場合の数}}$
だね。

### 例題 2

右の図のような4枚のカードがあります。この中から1枚を取り出すとき，奇数が書かれたカードを取り出す確率を求めなさい。

| 1 | 2 | 3 | 4 |

起こりうる場合が全部で □① 通りあり，どの場合が起こることも同様に確からしい。

奇数の取り出し方は1と3の □② 通りあるから，奇数が書かれたカードを取り出す確

率は，$\dfrac{□②}{□①} = □③$

└ 忘れずに約分する

98

基 本 問 題　解答⇒別冊p.15

第1章
第2章
第3章
第4章
第5章
第6章

**1**　1 つのさいころを投げるとき，次の確率を求めなさい。

(1)　3 の目が出る確率

(2)　偶数（ぐうすう）の目が出る確率

**2**　袋（ふくろ）の中に，2 個の赤球と 3 個の白球が入っています。この中から 1 個を取り出すとき，次の確率を求めなさい。

(1)　白球を取り出す確率

(2)　赤球を取り出す確率

もう一歩

## 確率は 0 から 1 の間

あることがらの起こる確率を $p$ とすると，$p$ のとりうる値は，つねに $0 \leqq p \leqq 1$ の範囲にあります。必ず起こることがらの確率が 1 で，決して起こらないことがらの確率が 0 です。

たとえば，1 個のさいころを投げるとき，6 以下の目が出る確率はいくつになるでしょうか。さいころの目の出方は全部で 6 通り，1 から 6 の目の出方も 6 通りだから，確率は $\dfrac{6}{6} = 1$ になります。

また，7 以上の目が出る確率はいくつになるでしょうか。さいころに 7 以上の目はないから，7 以上の目の出方は 0 通りです。よって，求める確率は $\dfrac{0}{6} = 0$ になります。

例 題 の 答　1 ①2　②$\dfrac{1}{2}$　2 ①4　②2　③$\dfrac{1}{2}$

# 44 いろいろな確率 ①

## 要点を確かめよう

 1つのさいころを投げるとき，目の出方は1から6までの**6通り**です。

 大小2つのさいころを投げるとき，目の出方は，右の表より，全部で
6×6＝36（通り）です。

| 大／小 | ⚀ | ⚁ | ⚂ | ⚃ | ⚄ | ⚅ |
|---|---|---|---|---|---|---|
| ⚀ | (1,1) | (1,2) | (1,3) | (1,4) | (1,5) | (1,6) |
| ⚁ | (2,1) | (2,2) | (2,3) | (2,4) | (2,5) | (2,6) |
| ⚂ | (3,1) | (3,2) | (3,3) | (3,4) | (3,5) | (3,6) |
| ⚃ | (4,1) | (4,2) | (4,3) | (4,4) | (4,5) | (4,6) |
| ⚄ | (5,1) | (5,2) | (5,3) | (5,4) | (5,5) | (5,6) |
| ⚅ | (6,1) | (6,2) | (6,3) | (6,4) | (6,5) | (6,6) |

## 解き方を覚えよう

**例題 1** 1枚のコインを2回続けて投げるとき，1回目も2回目も表が出る確率を求めなさい。

1回目と2回目の出方は，右の表のようになり，起こりうる場合は全部で ①[　　] 通りあることがわかります。

そのうち，1回目も2回目も表になるのは ②[　　] 通りだから，求める

確率は，③[　　]

| 1回目 | 2回目 |
|---|---|
| 表 | 表 |
| 表 | 裏 |
| 裏 | 表 |
| 裏 | 裏 |

**例題 2** 大，小2つのさいころを投げるとき，出た目の数の和が4になる確率を求めなさい。

2つのさいころを投げるとき，目の出方は全部で 6×6＝①[　　]（通り）あります。

そのうち，出た目の数の和が4になるのは，(1，3)，(2，2)，(3，1)の ②[　　] 通りだ

から，求める確率は，$\dfrac{3}{36}$＝③[　　]

## 基 本 問 題

解答⇒別冊p.15

**1** 2枚の硬貨を投げるとき，次の確率を求めなさい。

(1) 2枚とも裏になる確率

(2) 1枚が表で，1枚が裏になる確率

**2** 大，小2つのさいころを投げるとき，次の確率を求めなさい。

(1) 同じ目が出る確率

(2) 出た目の数の和が5になる確率

もう一歩

### 場合の数の数え方に注意しよう

例題1で，表裏の出方は，「2回とも表」「1回は表，1回は裏」「2回とも裏」の3通りだから，2回とも表が出る確率は，$\dfrac{1}{3}$ と考えてはいけません。

なぜなら，この3通りのことがらはどれが起こることも同様に確からしいとはいえないからです。「1回は表，1回は裏」には，1回目が表の場合と2回目が表の場合の2通りあります。区別して考えましょう。

例題の答 **1** ①4 ②1 ③$\dfrac{1}{4}$ **2** ①36 ②3 ③$\dfrac{1}{12}$

101

## 45

第6章 確率とデータ

# いろいろな確率 ②

## まず ココ！ 要点を確かめよう

→ 場合の数を求めるときには，もれや重なりがないように，**樹形図**をかくとわかりやすくなります。

## つぎ ココ！ 解き方を覚えよう

**例題1** 右の図のような3枚のカードがあります。この3枚のカードをよくきって，1枚ずつ取り出し，取り出した順に左から右に並べて3けたの整数をつくります。この整数が奇数になる確率を求めなさい。

1  2  3

取り出し方は，右の樹形図より，全部で [①    ] 通りあります。

```
      2 ── 3
1 <
      3 ── 2

      1 ── 3
2 <
      3 ── 1

      1 ── 2
3 <
      2 ── 1
```

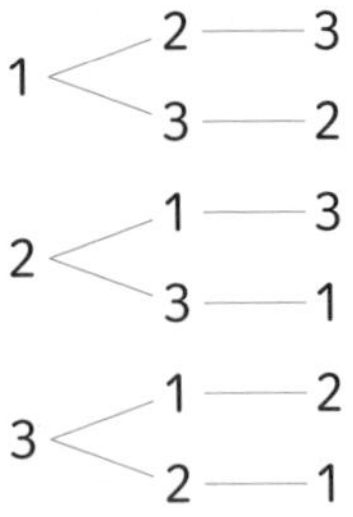

このうち，奇数になるのは 123，213，231，321 の [②    ] 通りです。
　　　　　　　　　　　　　└─ 一の位が1，3になる数

よって，求める確率は，$\frac{4}{6} =$ [③    ]
　　　　　　　　　　　　　　　↑
　　　　　　　　　　　　　　約分

**例題2** 0，1，2，3の4つの数字から異なる2つの数字を選んで，2けたの整数をつくります。この整数が3の倍数になる確率を求めなさい。

できる整数は，右の樹形図より，全部で [①    ] 通りあります。

```
      0
1 <── 2
      3

      0
2 <── 1
      3

      0
3 <── 1
      2
```

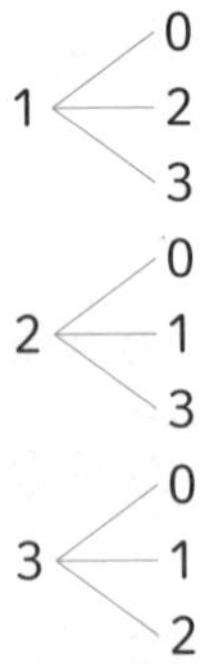

このうち，3の倍数になるのは 12，21，30 の [②    ] 通りです。

よって，求める確率は，$\frac{3}{9} =$ [③    ]
　　　　　　　　　　　　　　　↑
　　　　　　　　　　　　　　約分

2けたの整数だから，十の位は0にはならないよ。

## 基本問題  解答⇒別冊p.15

**1** 1から4までの数が1つずつ書かれたカードが4枚あります。この中から順に1枚ずつ2回続けて取り出し，取り出した順に左から右に並べて2けたの整数をつくります。この整数が4の倍数になる確率を求めなさい。

**2** 0，1，2，3，4の5つの数字から異なる2つの数字を選んで，それらを並べて2けたの整数をつくります。このとき，次の確率を求めなさい。

(1) 偶数になる確率

(2) 3の倍数になる確率

もう一歩

### もどす場合ともどさない場合

箱の中に，1から4までの数が1つずつ書かれたカードが4枚入っています。次の①，②の方法でカードを2枚取り出すとき，①と②で場合の数が変わることに気をつけましょう。

① 1枚目を箱にもどさずに，2枚目を取り出す。

$$1\!<\!\begin{matrix}2\\3\\4\end{matrix}\quad 2\!<\!\begin{matrix}1\\3\\4\end{matrix}\quad 3\!<\!\begin{matrix}1\\2\\4\end{matrix}\quad 4\!<\!\begin{matrix}1\\2\\3\end{matrix}$$

全部で12通り。

② 1枚目を箱にもどしてから，2枚目を取り出す。

$$1\!<\!\begin{matrix}1\\2\\3\\4\end{matrix}\quad 2\!<\!\begin{matrix}1\\2\\3\\4\end{matrix}\quad 3\!<\!\begin{matrix}1\\2\\3\\4\end{matrix}\quad 4\!<\!\begin{matrix}1\\2\\3\\4\end{matrix}$$

全部で16通り。

①のように，箱にもどさないということは，1枚目に取ったカードを2枚目で取ることはできませんね。一方，②のように，箱にもどすということは，1枚目に取ったカードを2枚目でも取る可能性があるということです。

例題の答 1 ①6 ②4 ③$\frac{2}{3}$ 2 ①9 ②3 ③$\frac{1}{3}$

# 46

# いろいろな確率 ③

## まず ココ！ 要点を確かめよう

➡ 袋(ふくろ)の中にいろいろな色の球が入っていて，この中からある球を取り出すときの確率を求めるには，すべての球を区別して，場合の数を求めます。たとえば，3個の赤球が入っている場合は，$赤_1$，$赤_2$，$赤_3$ などと区別します。

## つぎ ココ！ 解き方を覚えよう

 例題1

袋の中に，2個の白球と3個の赤球が入っています。この中から同時に2個の球を取り出すとき，取り出した球が2個とも赤球である確率を求めなさい。

白球を $白_1$，$白_2$，赤球を $赤_1$，$赤_2$，$赤_3$ とすると，球の取り出し方は，
$\{白_1，白_2\}$，$\{白_1，赤_1\}$，$\{白_1，赤_2\}$，$\{白_1，赤_3\}$，$\{白_2，赤_1\}$，$\{白_2，赤_2\}$，$\{白_2，赤_3\}$，
$\{赤_1，赤_2\}$，$\{赤_1，赤_3\}$，$\{赤_2，赤_3\}$ で，全部で ① [　　　] 通りあります。

このうち，赤球を2個取り出すのは ② [　　] 通りだから，求める確率は，③ [　　　]

 例題2

5本のうち，あたりが3本入っているくじがあります。このくじを2本続けてひいたとき，2本ともあたりである確率を求めなさい。

3本のあたりくじを $⑦_1$，$⑦_2$，$⑦_3$，2本のはずれくじを $⑧_1$，$⑧_2$ として，くじのひき方を樹形図で表すと，右の図のようになります。

くじのひき方は全部で ① [　　　] 通りで，

このうち2本ともあたりの場合は，図で○の印をつけたところで，② [　　] 通りあります。

よって，求める確率は，$\dfrac{6}{20}$= ③ [　　　]
↑約分

3本のあたりくじ，2本のはずれくじを区別して考えよう！

```
        1本目  2本目
              ⑦2 ○
              ⑦3 ○
         ⑦1   ⑧1
              ⑧2
              ⑦1 ○
              ⑦3 ○
         ⑦2   ⑧1
              ⑧2
              ⑦1 ○
              ⑦2 ○
         ⑦3   ⑧1
              ⑧2
              ⑦1
              ⑦2
         ⑧1   ⑦3
              ⑧2
              ⑦1
              ⑦2
         ⑧2   ⑦3
              ⑧1
```

## 基本問題
解答⇒別冊p.15

**1** 袋の中に，1個の白球と2個の赤球と3個の青球が入っています。このとき，次の確率を求めなさい。

(1) 1個の球を取り出すとき，それが青球である確率

(2) 2個続けて球を取り出すとき，2個とも赤球である確率

**2** 5本のうち，あたりくじが1本入っているくじがあります。このとき，次の確率を求めなさい。

(1) 1本だけひいて，それがあたりである確率

(2) 同時に2本ひいて，1本があたりで，もう1本がはずれである確率

もう一歩

### 先が得？　後が得？

4本のくじの中に，1本のあたりくじが入っています。A，Bの2人がこの順に1本ずつくじをひくとき，どちらのほうがあたる確率が大きいでしょうか。

右の樹形図より，

Aのあたる確率は，$\frac{1}{4}$

Bのあたる確率は，$\frac{3}{12}=\frac{1}{4}$

よって，先にひいても後にひいても，あたる確率は同じです。

A　　B
⑦ ＜ ⑾₁ ⑾₂ ⑾₃
⑾₁ ＜ ⑦ ⑾₂ ⑾₃
⑾₂ ＜ ⑦ ⑾₁ ⑾₃
⑾₃ ＜ ⑦ ⑾₁ ⑾₂

例題の答 **1** ①10 ②3 ③$\frac{3}{10}$ **2** ①20 ②6 ③$\frac{3}{10}$

105

# いろいろな確率 ④

## まず ココ！ 要点を確かめよう

➡ ことがら A の起こる確率を $p$ とするとき，ことがら A の起こらない確率は，$1-p$ になります。

➡ 2 つのさいころを同時に投げるとき，少なくとも 1 つは 1 の目が出る確率は，$1-$（1 つも 1 の目が出ない確率）で求めることができます。

## つぎ ココ！ 解き方を覚えよう

 **例題 1** 1 つのさいころを投げるとき，1 の目が出ない確率を求めなさい。

1 つのさいころを投げるとき，出る目の場合の数は全部で ① ☐ 通りで，1 の目が出る

場合の数は ② ☐ 通りだから，1 の目が出る確率は，③ ☐

よって，1 の目が出ない確率は，$1-$ ③ ☐ $=$ ④ ☐

 **例題 2** 3 枚の硬貨を同時に投げるとき，少なくとも 1 枚は裏になる確率を求めなさい。

3 枚の硬貨を A，B，C と区別し，表をオ，裏をウとして，起こるすべての場合を樹形図に表すと，右の図のようになります。

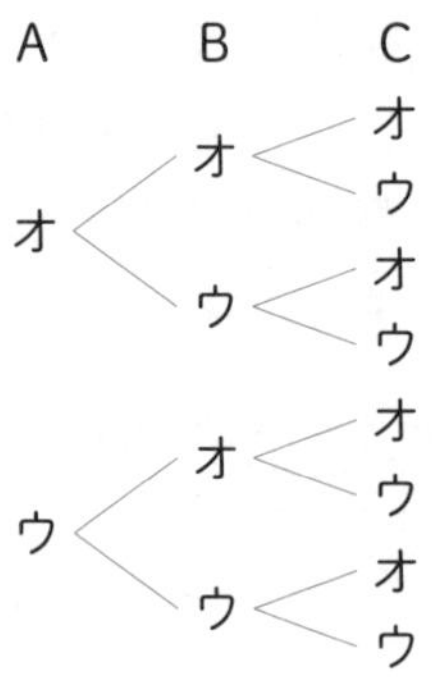

出方は全部で ① ☐ 通りで，そのうち少なくとも 1 枚が裏にな

る出方は ② ☐ 通りあるので，求める確率は，③ ☐

または，3 枚とも表になる出方は ④ ☐ 通りなので，求める確率は，

$1-$ ⑤ ☐ $=$ ⑥ ☐ として求めることもできます。

```
      A    B    C
                オ
           オ  <
                ウ
      オ  <     オ
           ウ  <
                ウ
                オ
           オ  <
                ウ
      ウ  <     オ
           ウ  <
                ウ
```

# 基 本 問 題

解答⇒別冊p.16

**1** 1から5までの数が1つずつ書かれている5枚のカードがあります。この中から1枚のカードを取り出すとき，次の確率を求めなさい。

(1) 偶数(ぐうすう)のカードを取り出す確率

(2) 1の数が書かれたカードを取り出さない確率

**2** 1つのさいころを続けて2回投げます。このとき，次の確率を求めなさい。

(1) 1回目に投げたとき，6の目が出ない確率

(2) 少なくとも1回は3以上の目が出る確率

## 「少なくとも1回」とは？

「1つのさいころを2回投げて，少なくとも1回は1の目が出る確率を求めなさい。」「3枚の硬貨を投げて，少なくとも1枚は表になる確率を求めなさい。」などの問題がよく出ていますが，この場合の「少なくとも1回あるいは1枚」というのは，「最低1回あるいは1枚」ということで，「2回とも1の目が出る」あるいは「2枚以上表になる」ということもふくんでいます。
このような場合は，答えを求めるときに，（そのことがらが起こる確率）＝1－（そのことがらが起こらない確率）を計算する方が楽に求めることができます。

例 題 の 答 **1** ①6 ②1 ③$\frac{1}{6}$ ④$\frac{5}{6}$ **2** ①8 ②7 ③$\frac{7}{8}$ ④1 ⑤$\frac{1}{8}$ ⑥$\frac{7}{8}$

# 48 四分位範囲と箱ひげ図

## まず ココ！ 要点を確かめよう

→ 複数のデータの分布を比較するとき，右の図のような，箱ひげ図を用いることがあります。

ひげ　箱　　　　　　ひげ

最小値　第1四分位数　第3四分位数
　　第2四分位数（中央値）　最大値

→ データを小さい順に並べて4等分したときの，3つの区切りの値を四分位数といい，小さいほうから順に第1四分位数，第2四分位数，第3四分位数といいます。第2四分位数は，中央値のことです。

→ （四分位範囲）＝（第3四分位数）－（第1四分位数）

## つぎ ココ！ 解き方を覚えよう

**例題 1**　次のデータは，13人の生徒の垂直とびの結果です。

> 46, 44, 54, 43, 40, 39, 56, 37, 47, 61, 43, 50, 48 (cm)

(1) 第1四分位数，第3四分位数をそれぞれ求めなさい。
(2) 四分位範囲を求めなさい。
(3) このデータを箱ひげ図に表しなさい。

(1)　データを小さい順に並べかえると，

37, 39, 40, 43, 43, 44, 46, 47, 48, 50, 54, 56, 61

第1四分位数は，小さいほうから3番目と4番目の値の平均値だから，

$( \boxed{①\phantom{xxx}} +43) \div 2 = \boxed{②\phantom{xxx}}$ (cm)

第3四分位数は，小さいほうから10番目と11番目の値の平均値だから，

$( \boxed{③\phantom{xxx}} +54) \div 2 = \boxed{④\phantom{xxx}}$ (cm)

(2)　（四分位範囲）＝（第3四分位数）－（第1四分位数）だから，

(1)より，$\boxed{④\phantom{xxx}} - \boxed{②\phantom{xxx}} = \boxed{⑤\phantom{xxx}}$ (cm)

(3)

35　40　45　50　55　60　65(cm)

108

## 基本問題

解答⇒別冊p.16

1 次のデータは，12 人の生徒のハンドボール投げの結果です。

| 16, 18, 23, 28, 19, 30, 22, 19, 31, 27, 24, 26 | （単位 m）

(1) 中央値，第 1 四分位数，第 3 四分位数をそれぞれ求めなさい。

(2) 四分位範囲を求めなさい。

(3) このデータを箱ひげ図に表しなさい。

---

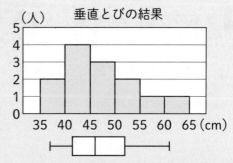

もう一歩

### ヒストグラムと箱ひげ図

例題1のデータをヒストグラムと箱ひげ図に表すと，右の図のようになります。それぞれどのような特徴があるか見てみましょう。ヒストグラムでは，分布の形や最頻値が一目でわかりますが，中央値はすぐにはわかりませんね。一方，箱ひげ図では，最大値と最小値はもちろん，中央値を基準とした散らばりのようすがすぐにわかります。目的によって，ヒストグラムと箱ひげ図を使い分けられるようにしましょう。

垂直とびの結果

例題の答 1 ①40 ②41.5 ③50 ④52 ⑤10.5

確認テスト ⑥

目標得点：80点

解答⇒別冊p.16

/ 100

**1** 大，小 2 つのさいころを投げるとき，次の確率を求めなさい。（12点×2＝24点）

→ できなければ，p.100 へ

(1) 大きいさいころの目の数が，小さいさいころの目の数の 2 倍になる確率

(2) 出た目の数の和が 6 になる確率

**2** 1 から 5 までの数が 1 つずつ書かれた 5 枚のカードがあります。このカードの中から A，B の 2 人がこの順に 1 枚ずつカードを取り出すとき，次の確率を求めなさい。（12点×2＝24点）

→ できなければ，p.102 へ

(1) A の取り出したカードの数が，B の取り出したカードの数より大きい確率

(2) 2 人の取り出したカードの数の和が 5 になる確率

**3** 5 本のうち，2 本のあたりが入っているくじがあります。2 本続けてこのくじをひくとき，次の確率を求めなさい。（12点×2＝24点）

→ できなければ，p.104 へ

(1) 1 本目のくじがあたる確率

(2) 2 本ともあたる確率

得点UP アドバイス

- 確率を求める場合には，もれや重なりがないように，樹形図を正しくかこう。
- 起こらない確率は，1－(起こる確率) の関係を使いこなせるようにしよう。
- 3つの四分位数の求め方を理解し，箱ひげ図をかけるようにしよう。

**4** 袋(ふくろ)の中に，2個の白球と3個の赤球が入っています。この中から同時に2個の球を取り出すとき，少なくとも1個は赤球である確率を求めなさい。(12点)

できなければ，p.106へ

**5** 右の箱ひげ図は，あるクラス40人の通学時間を表したものです。次のア～エのうち，この図から読み取れることとして正しいものをすべて選び，記号で答えなさい。(16点)

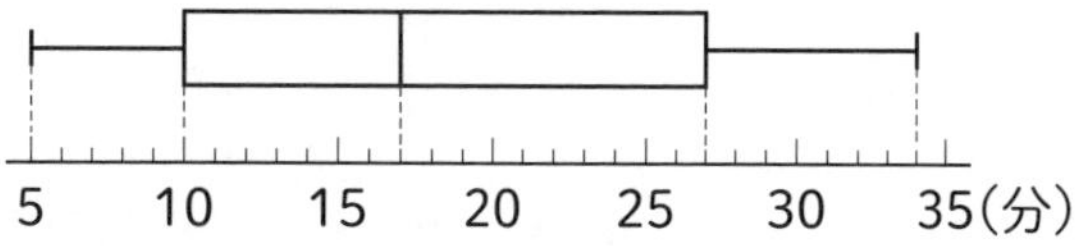

できなければ，p.108へ

**ア**　四分位範囲は29分である。
**イ**　第1四分位数は10分である。
**ウ**　平均値は17分である。
**エ**　通学時間が15分以上の生徒は少なくとも20人はいる。

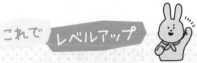

これで レベルアップ

AとBの2人でじゃんけんを1回するとき，AがBに勝つ確率を求めてみましょう。

グー→グ，チョキ→チ，パー→パとして，AとBの手の出し方を(A, B)で表すと，(グ, グ), (グ, チ), (グ, パ), (チ, グ), (チ, チ), (チ, パ), (パ, グ), (パ, チ), (パ, パ)の9通りです。AがBに勝つのは，——の3通りだから，AがBに勝つ確率は，

$\frac{3}{9}=\frac{1}{3}$ です。あいこになる場合もふくめて考えることを忘れないように注意しましょう。

装丁デザイン　ブックデザイン研究所
本文デザイン　A.S.T DESIGN
　　図　版　デザインスタジオエキス.

中2 基礎からわかりやすく　数学ノート

| 編著者 | 中学教育研究会 | 発行所 | 受験研究社 |
| --- | --- | --- | --- |
| 発行者 | 岡本明剛 | | |
| 印刷所 | 寿印刷 | | ©株式会社 増進堂・受験研究社 |

〒550-0013 大阪市西区新町2丁目19番15号
注文・不良品などについて：(06)6532-1581(代表)／本の内容について：(06)6532-1586(編集)

中**2**

基礎からわかりやすく

# 数学
## ノート

解 答

🏇 受験研究社

## ❶ 単項式と多項式 （本文 5 ページ）

**1** (1) $3x$, $2y$　　　　(2) $2a$, $-5b$, $-1$

(3) $xy^2$, $-2x$, $y$　　(4) $\dfrac{1}{2}a^2$, $-3ab$, $-\dfrac{3}{4}b^2$

**2** (1) $2$　　　(2) $2$　　　(3) $3$

> **ここに注意！**
>
> $2xyz = 2 \times x \times y \times z$ は，文字のかけ算が 3 個あるので，次数は 3 です。
>
> $-\dfrac{2}{3}x^2y = -\dfrac{2}{3} \times x \times x \times y$ も，文字のかけ算が 3 個あるので，次数は 3 です。
>
> 「$x^2$ があるから次数は 2」としないように，気をつけましょう。

**3** (1) $1$　　　　　　(2) $2$

(3) $3$

## ❸ 多項式の計算 ② （本文 9 ページ）

**1** (1) $-3(a-b)$
$=-3a+3b$
　　　符号に注意

(2) $(12x-4y) \div 4$
$=\dfrac{12x}{4}-\dfrac{4y}{4}$
$=3x-y$

**2** (1) $3(x+5y)+4(-x+2y)$
$=3x+15y-4x+8y$
$=3x-4x+15y+8y$
$=-x+23y$

(2) $6(x-y)-2(2x-3y)$
$=6x-6y-4x+6y$
$=6x-4x-6y+6y$
$=2x$

(3) $\dfrac{1}{2}(3x-y)+\dfrac{1}{4}(x+y)$
$=\dfrac{3}{2}x-\dfrac{1}{2}y+\dfrac{1}{4}x+\dfrac{1}{4}y$
$=\dfrac{3}{2}x+\dfrac{1}{4}x-\dfrac{1}{2}y+\dfrac{1}{4}y$
$=\dfrac{6}{4}x+\dfrac{1}{4}x-\dfrac{2}{4}y+\dfrac{1}{4}y$
$=\dfrac{7}{4}x-\dfrac{1}{4}y$

(4) $\dfrac{x-2y}{3}-\dfrac{2x-y}{4}$
$=\dfrac{4(x-2y)-3(2x-y)}{12}$
$=\dfrac{4x-8y-6x+3y}{12}$
$=\dfrac{4x-6x-8y+3y}{12}$
$=\dfrac{-2x-5y}{12}$

> **ここに注意！**
>
> 約分できるときは約分します。
>
> $\dfrac{-2x+4y}{12} \xrightarrow{\text{2で約分}} \dfrac{-x+2y}{6}$

## ❷ 多項式の計算 ① （本文 7 ページ）

**1** (1) $8x-3y-3x+4y$
$=8x-3x-3y+4y$
$=5x+y$

(2) $-4a^2+3a-a+5a^2$
$=-4a^2+5a^2+3a-a$
$=a^2+2a$

> **ここに注意！**
>
> $1y$ は $y$，$-1a^2$ は $-a^2$ のように，係数の 1 は省いて表します。

**2** (1) $(-2x+y)+(-3x-5y)$
$=-2x+y-3x-5y$
$=-2x-3x+y-5y$
$=-5x-4y$

(2) $(2x^2-4x+1)+(3x^2+2x-3)$
$=2x^2-4x+1+3x^2+2x-3$
$=2x^2+3x^2-4x+2x+1-3$
$=5x^2-2x-2$

(3) $(4x-7y)-(6x+4y)$
$=4x-7y-6x-4y$
$=4x-6x-7y-4y$
$=-2x-11y$

(4) $(a^2-4a)-(3a^2-4a)$
$=a^2-4a-3a^2+4a$
$=a^2-3a^2-4a+4a$
$=-2a^2$

> **ここに注意！**
>
> （多項式）−（多項式）の計算では，ひくほうの多項式の符号はすべて変わることに注意しましょう。
>
> (3) $(4x-7y)-(6x+4y)=4x-7y-6x-4y$
>
> (4) $(a^2-4a)-(3a^2-4a)=a^2-4a-3a^2+4a$

## ❹ 単項式の乗法・除法 ① （本文 11 ページ）

**1** (1) $(-3x) \times 4y$
$=(-3) \times x \times 4 \times y$
$=-12xy$

(2) $(-4a) \times (-6a)$
$=(-4) \times a \times (-6) \times a$
$=24a^2$

(3) $(-4x)^2$
$=(-4x) \times (-4x)$
$=(-4) \times x \times (-4) \times x$
$=16x^2$

(4) $8ab \div (-2a)$
$=-\dfrac{8ab}{2a}$
$=-\dfrac{\overset{4}{8} \times \overset{1}{a} \times b}{\underset{1}{2} \times \underset{1}{a}}$
$=-4b$

(5) $\left(-\dfrac{2}{3}xy\right) \div \dfrac{5}{6}xy$
$=\left(-\dfrac{2xy}{3}\right) \times \dfrac{6}{5xy}$
$=-\dfrac{2xy \times 6}{3 \times 5xy}$
$=-\dfrac{\overset{1}{2} \times \overset{1}{x} \times \overset{1}{y} \times \overset{2}{6}}{\underset{1}{3} \times 5 \times \underset{1}{x} \times \underset{1}{y}}$
$=-\dfrac{4}{5}$

(6) $\dfrac{6}{5}ab \div 3b$
$=\dfrac{6ab}{5} \times \dfrac{1}{3b}$
$=\dfrac{6ab \times 1}{5 \times 3b}$
$=\dfrac{\overset{2}{6} \times a \times \overset{1}{b} \times 1}{5 \times \underset{1}{3} \times \underset{1}{b}}$
$=\dfrac{2}{5}a$

> **ここに注意！**
>
> −のつけ忘れに注意すること。まず，符号を決める習慣をつけましょう。

## ❺ 単項式の乗法・除法 ②　（本文 13 ページ）

**1** (1) $3xy \div x \times (-2y)$

$= -\left(3xy \times \dfrac{1}{x} \times 2y\right)$

$= -\dfrac{3\overset{1}{x}y \times 2y}{\underset{1}{x}}$

$= -6y^2$

(2) $4a^2 \times 6a \div 3a$

$= 4a^2 \times 6a \times \dfrac{1}{3a}$

$= \dfrac{4a^2 \times \overset{2}{6}\overset{1}{a}}{\underset{1}{3}\underset{1}{a}}$

$= 8a^2$

(3) $3ab \div \dfrac{1}{2}b \times 4ab$

$= 3ab \times \dfrac{2}{b} \times 4ab$

$= \dfrac{3a\overset{1}{b} \times 2 \times 4ab}{\underset{1}{b}}$

$= 24a^2b$

(4) $9a^3 \div (-3a) \div 3$

$= -\left(9a^3 \times \dfrac{1}{3a} \times \dfrac{1}{3}\right)$

$= -\dfrac{9a^3}{3a \times 3}$

$= -\dfrac{\overset{1}{9} \times \overset{1}{a} \times a \times a}{\underset{1}{3}\underset{1}{a} \times \underset{1}{3}} = -a^2$

(5) $(-2x^2y) \times xy \div \dfrac{4}{5}xy^2$

$= -\left(2x^2y \times xy \times \dfrac{5}{4xy^2}\right)$

$= -\dfrac{\overset{1}{2}\overset{1}{x^2}\overset{1}{y} \times \overset{1}{x}\overset{1}{y} \times 5}{\underset{2}{4}\underset{1}{x}\underset{1}{y^2}}$

$= -\dfrac{5}{2}x^2$

(6) $15ab^2 \div (-3b)^2 \times (-6ab)$

$= 15ab^2 \div 9b^2 \times (-6ab)$

$= -\left(15ab^2 \times \dfrac{1}{9b^2} \times 6ab\right)$

$= -\dfrac{\overset{5}{15}a\overset{1}{b^2} \times \overset{2}{6}ab}{\underset{3}{9}\underset{1}{b^2}}$

$= -10a^2b$

---

## ❻ 式の値　（本文 15 ページ）

**1** (1) $-2a+7b$

$= -2 \times a + 7 \times b$

$= -2 \times 4 + 7 \times (-2)$

$= -8 - 14$

$= -22$

(2) $a - 3b^2$

$= a - 3 \times b \times b$

$= 4 - 3 \times (-2) \times (-2)$

$= 4 - 12$

$= -8$

**2** (1) $(3x-2y)+2(-x+5y)$

$= 3x - 2y - 2x + 10y$

$= 3x - 2x - 2y + 10y$

$= x + 8y$

$= x + 8 \times y$

$= 3 + 8 \times (-1)$

$= 3 - 8$

$= -5$

(2) $16x^2y \div 8x$

$= \dfrac{16x^2y}{8x}$

$= 2xy$

$= 2 \times x \times y$

$= 2 \times 3 \times (-1)$

$= -6$

> **ここに注意！**
> 式の値を求めるときは，式を簡単にしてから，あたえられた数を代入するようにしましょう。

---

## ❼ 式による説明　（本文 17 ページ）

**1** （順に）1

1，$2m+2n+1$，$m+n$，1

$m+n$，$m+n$，1

**2** （説明）もとの 2 けたの自然数の十の位の数を $a$，一の位の数を $b$ とすると，もとの 2 けたの自然数は $10a+b$，入れかえた数は $10b+a$ と表せる。

よって，2 つの数の差は，

（もとの数）－（入れかえた数）だから，

$(10a+b)-(10b+a)$

$= 10a + b - 10b - a$

$= 10a - a - 10b + b$

$= 9a - 9b$

$= 9(a-b)$

$a-b$ は整数だから，$9(a-b)$ は 9 の倍数である。

よって，2 けたの自然数と，その数の一の位の数と十の位の数を入れかえた数の差は 9 の倍数になる。

> **ここに注意！**
> 十の位の数が $a$，一の位の数が $b$ である 2 けたの自然数は $10a+b$ で表されます。$ab$ としないように気をつけましょう。

---

## ❽ 等式の変形　（本文 19 ページ）

**1** (1) $3x+y=7$

$3x$ を移項すると，

$y = -3x + 7$

(2) $-2xy = 8$

両辺を $-2y$ でわると，

$\dfrac{-2xy}{-2y} = \dfrac{\overset{4}{\underset{1}{8}}}{-\underset{1}{2}y}$

$x = -\dfrac{4}{y}$

(3) $2x - 4y + 3 = 0$

$-4y+3$ を移項すると，

$2x = 4y - 3$

両辺を 2 でわると，

$x = 2y - \dfrac{3}{2}$

(4) $a(b-1) = 2$

両辺を $a$ でわると，

$b - 1 = \dfrac{2}{a}$

$-1$ を移項すると，

$b = \dfrac{2}{a} + 1$

(5) $V = \dfrac{1}{3}\pi r^2 h$

両辺を入れかえると，

$\dfrac{1}{3}\pi r^2 h = V$

両辺に 3 をかけると，

$\pi r^2 h = 3V$

両辺を $\pi r^2$ でわると，

$\dfrac{\pi r^2 h}{\pi r^2} = \dfrac{3V}{\pi r^2}$

$h = \dfrac{3V}{\pi r^2}$

(6) $\dfrac{a}{3} + \dfrac{b}{2} = 1$

両辺に 6 をかけると，

$6\left(\dfrac{a}{3} + \dfrac{b}{2}\right) = 1 \times 6$

$2a + 3b = 6$

$3b$ を移項すると，

$2a = 6 - 3b$

両辺を 2 でわると，

$a = -\dfrac{3}{2}b + 3$

**1** (1) $2a^2$, $-4a$, $9$

(2) 2 次式

**2** (1) $3x+5y-4x-3y$
$=3x-4x+5y-3y$
$=-x+2y$

(2) $(2a-3b)+(a+5b)$
$=2a-3b+a+5b$
$=2a+a-3b+5b$
$=3a+2b$

(3) $(3x-4y)-(2x-y)$
$=3x-4y-2x+y$
$=3x-2x-4y+y$
$=x-3y$

(4) $(a-b)-(-5a+6b)$
$=a-b+5a-6b$
$=a+5a-b-6b$
$=6a-7b$

**3** (1) $3(2a-5b)$
$=6a-15b$

(2) $(12x-6y)\div6$
$=(12x-6y)\times\dfrac{1}{6}$
$=\dfrac{12x}{6}-\dfrac{6y}{6}$
$=2x-y$

(3) $2(x-3y)+3(3x+y)$
$=2x-6y+9x+3y$
$=2x+9x-6y+3y$
$=11x-3y$

(4) $\dfrac{a-3b}{4}-\dfrac{5a+b}{2}$
$=\dfrac{a-3b-2(5a+b)}{4}$
$=\dfrac{a-3b-10a-2b}{4}$
$=\dfrac{-9a-5b}{4}$

**4** (1) $(-3x)\times2x$
$=-6x^2$

(2) $12a^3b^2\div4ab$
$=\dfrac{\overset{3}{\cancel{12}}\,a^{\overset{2}{\cancel{3}}}\,b^{\overset{1}{\cancel{2}}}}{\underset{1}{\cancel{4}}\underset{1}{\cancel{a}}\underset{1}{\cancel{b}}}$
$=3a^2b$

(3) $4x\times3x^3\div6x^2$
$=\dfrac{\overset{2}{\cancel{4}}x\times\overset{1}{\cancel{3}}x^{\overset{2}{\cancel{3}}}}{\underset{1}{\cancel{6}}x^{\underset{1}{\cancel{2}}}}$
$=2x^2$

(4) $(-8a^2b)\div4ab\times2ab^2$
$=-\dfrac{\overset{2}{\cancel{8}}a^2b\times\overset{1}{\cancel{2}}ab^2}{\underset{1}{\cancel{4}}\underset{1}{\cancel{a}}\underset{1}{\cancel{b}}}$
$=-4a^2b^2$

**5** (1) $2(a-b)+3(a+2b)$
$=2a-2b+3a+6b$
$=5a+4b$
$=5\times2+4\times(-3)$
$=10-12$
$=-2$

(2) $10a^2\times ab\div(-5a)$
$=-\dfrac{\overset{2}{\cancel{10}}a^2\times\overset{1}{\cancel{a}}b}{\underset{1}{\cancel{5}}\underset{1}{\cancel{a}}}$
$=-2a^2b$
$=-2\times2^2\times(-3)$
$=24$

**6** (1) $a+3b=5$
$a=-3b+5$

(2) $3m-4n=9$
$-4n=-3m+9$
$n=\dfrac{3m-9}{4}$

---

**❾ 連立方程式と解** （本文 23 ページ）

**1** アを左辺に代入すると，$4\times3+7=19$
イを左辺に代入すると，$4\times(-2)+1=-7$
ウを左辺に代入すると，$4\times(-4)+(-3)=-19$
エを左辺に代入すると，$4\times5+(-1)=19$
よって，右辺は 19 だから，成り立つのは，**ア，エ**

**2** アを①の左辺に代入すると，$-2-2\times1=-4$
アを②の左辺に代入すると，$5\times(-2)+1=-9$
イを①の左辺に代入すると，$3-2\times(-1)=5$
イを②の左辺に代入すると，$5\times3+(-1)=14$
ウを①の左辺に代入すると，$1-2\times(-2)=5$
ウを②の左辺に代入すると，$5\times1+(-2)=3$
エを①の左辺に代入すると，$-1-2\times8=-17$
エを②の左辺に代入すると，$5\times(-1)+8=3$
よって，①の右辺は 5，②の右辺は 3 だから，成り立つのは，**ウ**

---

**❿ 連立方程式の解き方 ①** （本文 25 ページ）

**1** 上の式を①，下の式を②とする。

(1) ①＋② より，
$\begin{array}{r}x-4y=5\\ +)\;3x+4y=-1\\ \hline 4x\phantom{+4y}=4\\ x\phantom{+4y}=1\end{array}$
$x=1$ を①に代入して，
$1-4y=5$
$-4y=5-1$
$-4y=4$
$y=-1$
（答）$x=1$, $y=-1$

(2) ①－② より，
$\begin{array}{r}x+2y=3\\ -)\;x+4y=7\\ \hline -2y=-4\\ y=2\end{array}$
$y=2$ を①に代入して，
$x+4=3$
$x=3-4$
$x=-1$
（答）$x=-1$, $y=$

(3) ①－②×2 より，
$\begin{array}{r}2x+3y=12\\ -)\;2x-2y=2\\ \hline 5y=10\\ y=2\end{array}$
$y=2$ を②に代入して，
$x-2=1$
$x=1+2$
$x=3$
（答）$x=3$, $y=2$

(4) ①＋②×3 より，
$\begin{array}{r}4x-3y=11\\ +)\;9x+3y=15\\ \hline 13x\phantom{+3y}=26\\ x\phantom{+3y}=2\end{array}$
$x=2$ を②に代入して，
$6+y=5$
$y=5-6$
$y=-1$
（答）$x=2$, $y=$

## 11

**連立方程式の解き方 ②** （本文27ページ）

**1** 上の式を①，下の式を②とする。

(1) ①×5−②×4 より，
$$20x+35y=-65$$
$$-）20x+\ 8y=16$$
$$27y=-81$$
$$y=-3$$
$y=-3$ を①に代入して，
$$4x-21=-13$$
$$4x=8$$
$$x=2$$
（答）$x=2,\ y=-3$

(2) ①×2+②×3 より，
$$10x+6y=4$$
$$+）27x-6y=33$$
$$37x\quad\ =37$$
$$x=\ 1$$
$x=1$ を①に代入して，
$$5+3y=2$$
$$3y=-3$$
$$y=-1$$
（答）$x=1,\ y=-1$

(3) ②を①に代入して，
$$7x-3×5x=16$$
$$7x-15x=16$$
$$-8x=16$$
$$x=-2$$
$x=-2$ を②に代入して，
$$y=5×(-2)=-10$$
（答）$x=-2,\ y=-10$

(4) ②を①に代入して，
$$5(y+1)-y=1$$
$$5y+5-y=1$$
$$4y=-4$$
$$y=-1$$
$y=-1$ を②に代入して，
$$x=-1+1=0$$
（答）$x=0,\ y=-1$

ここに注意！
$x=\sim,\ y=\sim$ の形の式があれば，代入法を利用するとよいでしょう。

## 12

**いろいろな連立方程式 ①** （本文29ページ）

**1** 上の式を①，下の式を②とする。

(1) ①の式のかっこをはずす。
$$3x-3y+2y=11$$
$$3x-y=11\ \cdots\cdots①'$$
①'×2−② より，
$$5x=15$$
$$x=3$$
$x=3$ を②に代入して，
$$3-2y=7$$
$$-2y=4$$
$$y=-2$$
（答）$x=3,\ y=-2$

(2) 両式ともかっこをはずす。
$$3x-6y+5y=2$$
$$3x-y=2\ \cdots\cdots①'$$
$$4x-6x+3y=8$$
$$-2x+3y=8\ \cdots\cdots②'$$
①'×3+②' より，
$$7x=14$$
$$x=2$$
$x=2$ を①'に代入して，
$$6-y=2$$
$$y=4$$
（答）$x=2,\ y=4$

(3) ①×3 より，
$$6x-y=-9\ \cdots\cdots①'$$
①'×2+② より，
$$13x=-26$$
$$x=-2$$
$x=-2$ を①'に代入して，
$$-12-y=-9$$
$$y=-3$$
（答）$x=-2,\ y=-3$

(4) ①×12 より，
$$4x-3y=48\ \cdots\cdots①'$$
①'+② より，
$$-x=3$$
$$x=-3$$
$x=-3$ を②に代入して，
$$15+3y=-45$$
$$3y=-60$$
$$y=-20$$
（答）$x=-3,\ y=-20$

## 13

**いろいろな連立方程式 ②** （本文31ページ）

**1** (1)，(2)では，上の式を①，下の式を②とする。

(1) ①×10 より，
$$4x-y=13\ \cdots\cdots①'$$
①'+② より，
$$16x=16\quad x=1$$
$x=1$ を②に代入して，
$$12+y=3\quad y=-9$$
（答）$x=1,\ y=-9$

(2) ①×100 より，
$$8x+5y=1800\ \cdots\cdots①'$$
①'−②×5 より，
$$3x=300\quad x=100$$
$x=100$ を②に代入して，
$$100+y=300\quad y=200$$
（答）$x=100,\ y=200$

(3) $\begin{cases}3x-2y=7 & \cdots\cdots① \\ x+y+18=7 & \cdots\cdots②\end{cases}$ とする。

②を整理して，$x+y=-11\ \cdots\cdots②'$
①+②'×2 より，$5x=-15\quad x=-3$
$x=-3$ を②'に代入して，$-3+y=-11\quad y=-8$
（答）$x=-3,\ y=-8$

(4) $\begin{cases}3x+2y=5+3y & \cdots\cdots① \\ 3x+2y=2x+11 & \cdots\cdots②\end{cases}$ とする。

①，②を整理して，$\begin{cases}3x-y=5 & \cdots\cdots①' \\ x+2y=11 & \cdots\cdots②'\end{cases}$
①'×2+②' より，$7x=21\quad x=3$
$x=3$ を①'に代入して，$9-y=5\quad y=4$
（答）$x=3,\ y=4$

## 14

**連立方程式の利用 ①** （本文33ページ）

**1** りんごを $x$ 個，みかんを $y$ 個買ったとすると，
合わせて 26 個買ったので，
$$x+y=26\ \cdots\cdots①$$
代金の関係から，
（りんごの代金）+（みかんの代金）=2000 円
$$120x+50y=2000\ \cdots\cdots②$$
①，②を連立方程式として解く。
①×50−② より，$-70x=-700\quad x=10$
$x=10$ を①に代入して，$10+y=26\quad y=16$
これらは問題に適している。
（答）りんご 10 個，みかん 16 個

**2** おとな 1 人の入館料を $x$ 円，こども 1 人の入館料を $y$ 円とすると，おとな 3 人とこども 2 人で 2400 円だから，
$$3x+2y=2400\ \cdots\cdots①$$
おとな 1 人とこども 3 人で 1500 円だから，
$$x+3y=1500\ \cdots\cdots②$$
①，②を連立方程式として解く。
①−②×3 より，$-7y=-2100\quad y=300$
$y=300$ を②に代入して，$x+900=1500\quad x=600$
これらは問題に適している。
（答）おとな 1 人 600 円，こども 1 人 300 円

## ⑮ 連立方程式の利用 ② (本文35ページ)

**1** A町からC町までの道のりを $x$ km，C町からB町までの道のりを $y$ km とすると，道のりの関係から，

$$x+y=10 \quad \cdots\cdots ①$$

時間の関係から，

$$\frac{x}{3}+\frac{y}{4}=3 \quad \cdots\cdots ②$$

①，②を連立方程式として解く。

①×3−②×12 より， $-x=-6$ $x=6$

$x=6$ を①に代入して， $6+y=10$ $y=4$

これらは問題に適している。

（答）A町からC町まで 6 km，C町からB町まで 4 km

**2** 時間の関係から，

$$x+y=15 \quad \cdots\cdots ①$$

道のりの関係から，

$$80x+140y=\underline{1500} \quad \cdots\cdots ②$$
$$\qquad\quad \downarrow 1.5\,\text{km}=1500\,\text{m}$$
$$\qquad\quad \text{すべて m にそろえる。}$$

①，②を連立方程式として解く。

①×80−② より， $-60y=-300$ $y=5$

$y=5$ を①に代入して， $x+5=15$ $x=10$

これらは問題に適している。

（答） $x=10$，$y=5$

## ⑯ 連立方程式の利用 ③ (本文37ページ)

**1** (1) 昨年の男子の人数を $x$ 人，女子の人数を $y$ 人とすると，昨年の部員の人数の関係から，$x+y=40$ ……①
増減した部員の人数の関係から，

$$-\frac{20}{100}x+\frac{10}{100}y=-2 \quad \cdots\cdots ②$$

①，②を連立方程式として解く。①−②×10 より，

$3x=60$ $x=20$ これを①に代入して，$20+y=40$

$y=20$ これらは問題に適している。

（答）男子 20 人，女子 20 人

(2) 今年の男子の人数は，$20\times\left(1-\dfrac{20}{100}\right)=16$（人）

今年の女子の人数は，$38-16=22$（人）

（答）男子 16 人，女子 22 人

**2** もとの2けたの自然数の十の位の数を $x$，一の位の数を $y$ とすると，$3x-y=4$ ……①

もとの数は $10x+y$，入れかえた数は $10y+x$ と表され，入れかえた数はもとの数より 18 大きいので，

$$(10y+x)-(10x+y)=18 \quad \cdots\cdots ②$$

①，②を連立方程式として解く。

②を整理して， $-9x+9y=18$ $-x+y=2$ ……②′

①+②′ より，$2x=6$ $x=3$ これを②′ に代入して，

$-3+y=2$ $y=5$ これらは問題に適している。

よって，もとの数は $10\times3+5=35$ （答）35

## ✋ 確認テスト ② (本文38ページ)

**1** 上の式を①，下の式を②とする。

(1) ①+②×2 より，

$7x=28$ $x=4$

$x=4$ を②に代入して，

$8+y=5$ $y=-3$

（答） $x=4$，$y=-3$

(2) ①×3−②×4 より，

$29y=29$ $y=1$

$y=1$ を①に代入して，

$4x+7=-1$ $4x=-8$

$x=-2$

（答） $x=-2$，$y=1$

(3) ②を①に代入して，

$2(y+8)+3y=6$

$2y+16+3y=6$

$5y=6-16$ $5y=-10$

$y=-2$

$y=-2$ を②に代入して，

$x=-2+8=6$

（答） $x=6$，$y=-2$

(4) ①を整理して，

$4x-3y=5$ ……①′

①′+② より，

$8x=16$ $x=2$

$x=2$ を②に代入して，

$8+3y=11$ $3y=3$

$y=1$

（答） $x=2$，$y=1$

(5) ①×6 より，

$3x-2y=12$ ……①′

①′×2−②×3 より，

$-13y=39$ $y=-3$

$y=-3$ を②に代入して，

$2x-9=-5$ $x=2$

（答） $x=2$，$y=-3$

(6) ②×10 より，

$3x+8y=12$ ……②′

①×2−②′ より，

$7x=-28$ $x=-4$

$x=-4$ を①に代入して，

$-20+4y=-8$ $y=3$

（答） $x=-4$，$y=3$

## ✋ 確認テスト ② (本文39ページ)

**2** ケーキを $x$ 個，プリンを $y$ 個買ったとすると，個数の関係から，

$$x+y=8 \quad \cdots\cdots ①$$

代金の関係から，

$$380x+200y=2500 \quad \cdots\cdots ②$$

①，②を連立方程式として解く。

①×200−② より， $-180x=-900$ $x=5$

$x=5$ を①に代入して，$5+y=8$ $y=3$

これらは問題に適している。

（答）ケーキ 5 個，プリン 3 個

**3** もとの2けたの自然数の十の位の数を $x$，一の位の数を $y$ とすると，

$$\begin{cases} x+y=13 & \cdots\cdots ① \\ (10y+x)-(10x+y)=27 & \cdots\cdots ② \end{cases}$$

②を整理して， $-9x+9y=27$ $-x+y=3$ ……②′

①，②′ を連立方程式として解く。

①+②′ より，$2y=16$ $y=8$

$y=8$ を①に代入して，$x+8=13$ $x=5$

これらは問題に適している。

よって，もとの数は，$10\times5+8=58$ （答）58

## 🔟 1次関数 (本文 41 ページ)

**1** (1) $y=\dfrac{20}{x}$

(2) $y=3x+5$

(3) $y=8\pi x$

1次関数であるものは，(2)，(3)

> **ここに注意!**
>
> (1)は反比例の式，(3)は比例の式です。比例は1次関数の特別な場合です。

**2** (1) （代金）＝（まんじゅうの代金）＋（箱の代金）だから，

　　　　↓　　　　　　↓　　　　　　　　↓
　　　 $y$　　　　$x$ 円×6 個　　　　 50 円

　　 $y=6x+50$

(2) いえる。

(3) $y=6x+50$ に $x=100$ を代入すると，

　　 $y=6\times100+50=650$

　　 $y=6x+50$ に $x=150$ を代入すると，

　　 $y=6\times150+50=950$

　　よって，

　　 $x=100$ のとき，$y=650$

　　 $x=150$ のとき，$y=950$

## 🔟 1次関数の値の変化 (本文 43 ページ)

**1** (1) $x=-2$ のとき，$y=-3\times(-2)+2=8$

　　 $x=2$ のとき，$y=-3\times2+2=-4$

　　 $y$ の増加量は，$-4-8=-12$

(2) （変化の割合）＝$\dfrac{（y \text{ の増加量}）}{（x \text{ の増加量}）}$

　　　　　　　　$=\dfrac{-12}{2-(-2)}=\dfrac{-12}{4}=-3$

**2** (1) $y=2x-3$

　　　　　↳変化の割合

　　 （$y$ の増加量）$=2\times3=6$

　　よって，変化の割合は，2

　　 $y$ の増加量は，6

(2) $y=\dfrac{1}{3}x+1$

　　　　　　↳変化の割合

　　 （$y$ の増加量）$=\dfrac{1}{3}\times3=1$

　　よって，変化の割合は，$\dfrac{1}{3}$

　　 $y$ の増加量は，1

> **ここに注意!**
>
> $y=ax+b$ で，$a$ は変化の割合
> （$y$ の増加量）$=a\times$（$x$ の増加量）です。

## 🔟 1次関数のグラフ ① (本文 45 ページ)

**1** (1) 傾き 3，切片 5　　(2) 傾き $\dfrac{3}{4}$，切片 $-2$

(3) 傾き $-6$，切片 0

**2** (1) 切片は $-3$ だから，点 $(0，-3)$ をとる。傾きは 1 だから，点 $(0，-3)$ から右へ 1，上へ 1 進んだ点 $(1，-2)$ をとり，この 2 点を通る直線をひく。

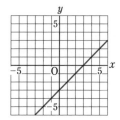

(2) 切片は 4 だから，点 $(0，4)$ をとる。傾きは $-3$ だから，点 $(0，4)$ から右へ 1，下へ 3 進んだ点 $(1，1)$ をとり，この 2 点を通る直線をひく。

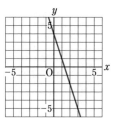

## 🔟 1次関数のグラフ ② (本文 47 ページ)

**1** 切片は 2 だから，点 $(0，2)$ をとる。傾きは $-\dfrac{2}{3}$ だから，点 $(0，2)$ から右へ 3，下へ 2 進んだ点 $(3，0)$ をとり，この 2 点を通る直線をひく。

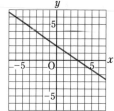

**2** (1) $x=-2$ のとき，

　　 $y=-2\times(-2)+2=6$

　　 $x=4$ のとき，

　　 $y=-2\times4+2=-6$

　　よって，$y$ の変域は，

　　 $-6\leqq y\leqq6$

(2) $x=-2$ のとき，

　　 $y=\dfrac{1}{2}\times(-2)-3=-4$

　　 $x=4$ のとき，

　　 $y=\dfrac{1}{2}\times4-3=-1$

　　よって，$y$ の変域は，

　　 $-4\leqq y\leqq-1$

> **ここに注意!**
>
> わかりにくいときは，グラフをかいて考えましょう。
>
> (1) 　(2)

## ㉑ 1次関数の式の決定 ①　（本文49ページ）

**1**　① $y=4x-4$
　　② $y=-x-2$
　　③ $y=\dfrac{2}{5}x+1$

**2**　(1) $y=x-3$
　(2) $y=ax+b$ で，傾きは $-4$ だから，$a=-4$
　　点 $(1,\ -3)$ を通るので，$x=1$，$y=-3$ を
　　$y=-4x+b$ に代入して，
　　$-3=-4\times1+b$　$-3=-4+b$　$b=1$
　　よって，$y=-4x+1$
　(3) $y=ax+b$ で，切片は $2$ だから，$b=2$
　　点 $(3,\ 3)$ を通るので，$x=3$，$y=3$ を
　　$y=ax+2$ に代入して，
　　$3=3a+2$　$3a=1$　$a=\dfrac{1}{3}$
　　よって，$y=\dfrac{1}{3}x+2$

## ㉒ 1次関数の式の決定 ②　（本文51ページ）

**1**　(1) 2点 $(-2,\ 4)$，$(4,\ 1)$ を通るので，
　　傾きは，$\dfrac{1-4}{4-(-2)}=\dfrac{-3}{6}=-\dfrac{1}{2}$
　　$y=-\dfrac{1}{2}x+b$ に $x=-2$，$y=4$ を代入して，
　　$4=-\dfrac{1}{2}\times(-2)+b$　$4=1+b$　$b=3$
　　よって，$y=-\dfrac{1}{2}x+3$
　(2) 2点 $(1,\ 3)$，$(3,\ -1)$ を通るので，
　　傾きは，$\dfrac{-1-3}{3-1}=-2$
　　$y=-2x+b$ に $x=1$，$y=3$ を代入して，
　　$3=-2\times1+b$　$3=-2+b$　$b=5$
　　よって，$y=-2x+5$
　(3) $y=4x+2$ に平行だから，傾きは $4$
　　$y=4x+b$ に $x=1$，$y=5$ を代入して，
　　$5=4\times1+b$　$5=4+b$　$b=1$
　　よって，$y=4x+1$

## ㉓ 方程式とグラフ　（本文53ページ）

**1**　(1) $2x-y+1=0$ を $y$ について解いて，
　　$-y=-2x-1$　$y=2x+1$
　(2) $x-2y=2$ を $y$ について解いて，
　　$-2y=-x+2$　$y=\dfrac{1}{2}x-1$
　(3) $3y=6$　$y=2$
　　$y=2$ のグラフは，点 $(0,\ 2)$ を通り，$x$ 軸に平行な直線である。
　(4) $2x+8=0$　$2x=-8$　$x=-4$
　　$x=-4$ のグラフは，点 $(-4,\ 0)$ を通り，$y$ 軸に平行な直線である。

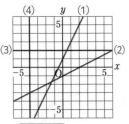

```
ここに注意！
```
$y=k$ のグラフは，$x$ 軸に平行です。
$x=h$ のグラフは，$y$ 軸に平行です。

## ㉔ 連立方程式とグラフ　（本文55ページ）

**1**　(1)
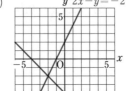
　　$2x-y=-2$ を $y$ について解くと，$y=2x+2$
　　$x+y=-4$ を $y$ について解くと，$y=-x-4$
　　交点の座標は $(-2,\ -2)$ だから，解は $x=-2$，$y=-2$

　(2)
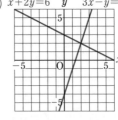
　　$3x-y=4$ を $y$ について解くと，$y=3x-4$
　　$x+2y=6$ を $y$ について解くと，$y=-\dfrac{1}{2}x+3$
　　交点の座標は $(2,\ 2)$ だから，解は $x=2$，$y=2$

　(3)
　　$x+3y=9$ を $y$ について解くと，$y=-\dfrac{1}{3}x+3$
　　$2x-y=4$ を $y$ について解くと，$y=2x-4$
　　交点の座標は $(3,\ 2)$ だから，解は $x=3$，$y=2$

## ㉕ 1次関数の利用 ①　　(本文57ページ)

**1** (1) 0分のときのれんさんの家までの道のりだから，
6 km　　　　　　　　　　　　　(答) 6 km

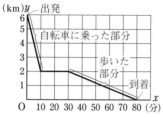

(2) 上の図のように，自転車で走った道のりは 4 km，
かかった時間は 10 分だから，時速は，

$4 \div \dfrac{10}{60} = 4 \times \dfrac{6}{1} = 24$ (km)　　(答) 時速 24 km

(3) 歩いた部分のグラフの式を $y=ax+b$ とする。
上の図のように，$(30, 2)$，$(80, 0)$ を通るから，
これを代入すると，$2=30a+b$，$0=80a+b$
この2式を連立方程式として解いて，

$a=-\dfrac{1}{25}$，$b=\dfrac{16}{5}$　$y=-\dfrac{1}{25}x+\dfrac{16}{5}$

60分後のときのれんさんの家までの道のりは，$x$ に
60を代入して，$y=-\dfrac{1}{25}\times 60+\dfrac{16}{5}$　$y=\dfrac{4}{5}$

(答) $\dfrac{4}{5}$ km (0.8 km)

---

## ㉖ 1次関数の利用 ②　　(本文59ページ)

**1** (1) ㋐点 P が辺 AB 上にあるとき，AD=8 cm
点 P は毎秒 2 cm の速さで動くから，AP=2$x$ cm

△APD の面積は，$y=\dfrac{1}{2}\times 8\times 2x=8x$ (cm²)

変域は，AB=6 cm で P は毎秒 2 cm の速さで動く
ので，3秒で B まで進むから，$0\leqq x\leqq 3$
㋑点 P が辺 BC 上にあるとき，AD=8 cm
AD を底辺とすると，△APD の高さは 6 cm だから，

△APD の面積はつねに，$y=\dfrac{1}{2}\times 8\times 6=24$ (cm²)

変域は，$3\leqq x\leqq 7$
㋒点 P が辺 CD 上にあるとき，AD=8 cm
DP は AB+BC+CD=20 からいままで進んだ 2$x$
をひくから，DP=$20-2x$ (cm)
△APD の面積は，

$y=\dfrac{1}{2}\times 8\times (20-2x)=-8x+80$ (cm²)

変域は，$7\leqq x\leqq 10$
(答) AB上 $y=8x$ $(0\leqq x\leqq 3)$
BC上 $y=24$ $(3\leqq x\leqq 7)$
CD上 $y=-8x+80$ $(7\leqq x\leqq 10)$
(2) (答) 右の図

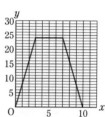

---

## 確認テスト ③　　(本文60ページ)

**1** (1) $x=-2$ のとき，$y=3\times(-2)+1=-5$
$x=4$ のとき，$y=3\times 4+1=13$
(2) ($y$ の増加量)$=a\times$($x$ の増加量)$=3\times 2=6$
(3) $-5\leqq y\leqq 13$

**2**

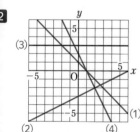

$y$ について解くと，
(3)は $y=3$，
(4)は $y=-2x+2$
になる。

**3** (1) $y=-5x+b$ に $x=3$，$y=-5$ を代入すると，
$-5=-5\times 3+b$　$b=10$
よって，$y=-5x+10$

(2) $y=3x+b$ に $x=1$，$y=6$ を代入すると，
$6=3\times 1+b$　$b=3$　よって，$y=3x+3$

(3) グラフの傾きは，$\dfrac{8-(-2)}{3-(-3)}=\dfrac{5}{3}$

$y=\dfrac{5}{3}x+b$ に $x=3$，$y=8$ を代入すると，

$8=\dfrac{5}{3}\times 3+b$　$b=3$　よって，$y=\dfrac{5}{3}x+3$

---

## 確認テスト ③　　(本文61ページ)

**4** ① 切片は 2
$(0, 2)$ から右へ 4，上へ 3 進んだ $(4, 5)$ を通るので，

傾きは $\dfrac{3}{4}$

よって，$y=\dfrac{3}{4}x+2$

② 切片は $-1$
$(0, -1)$ から右へ 1，下へ 4 進んだ $(1, -5)$ を通るの

で，傾きは $\dfrac{-4}{1}=-4$

よって，$y=-4x-1$

③ $y$ 軸に平行で，$(4, 0)$ を通るから，$x=4$

**5** (1) 40分で 8 km 進んだから，(速さ)$=$(道のり)$\div$(時間)
より，

$8\div 40=\dfrac{8}{40}=\dfrac{1}{5}$　　(答) 毎分 $\dfrac{1}{5}$ km (毎分 0.2 km)

(2) (1)より，直線の傾きは $\dfrac{1}{5}$

よって，$y=\dfrac{1}{5}x+b$ とおける。

グラフは，$(20, 0)$ を通るのでこれを代入して，

$0=\dfrac{1}{5}\times 20+b$　$0=4+b$　$b=-4$

よって，$y=\dfrac{1}{5}x-4$

## ㉗ 平行線と角　(本文 63 ページ)

**1** 対頂角は等しいから，∠$a$＝45°
直線の角度は180° だから，
60°＋45°＋∠$b$＝180°
よって，∠$b$＝180°−105°＝75°

（答）∠$a$＝45°，∠$b$＝75°

**2** (1) 対頂角は等しいから，
∠$x$＝60°
右の図において，ℓ∥$m$ より，同位角は等しいから，
∠$a$＝60°
∠$a$＋∠$y$＝180° より，
∠$y$＝180°−60°＝120°　（答）∠$x$＝60°，∠$y$＝120°

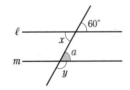

(2) 右の図のように，点 B を通り，直線 ℓ, $m$ に平行な直線 $n$ をひく。
ℓ∥$n$ より，同位角は等しいから，
∠ABD＝45°
また，$n$∥$m$ より，錯角が等しいから，
∠DBC＝54°
よって，∠$x$＝45°＋54°＝99°

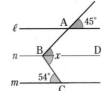

## ㉘ 多角形の角 ①　(本文 65 ページ)

**1** (1) 三角形の内角の和は 180° だから，
∠$x$＝180°−45°−75°＝60°

(2) 多角形の 1 つの内角と外角の和は 180° だから，
右の図で，
∠ACB＝180°−110°＝70°
よって，三角形の外角は，
それととなり合わない 2 つの内角の和に等しいから，
∠$x$＝50°＋70°＝120°

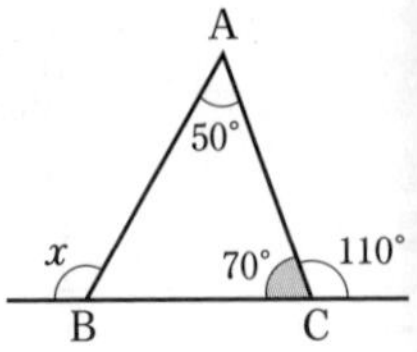

**2** (1) 公式にあてはめると，
180°×(5−2)＝540°

(2) $n$ 角形とすると，
180°×($n$−2)＝1440°　$n$−2＝8　$n$＝10

（答）十角形

(3) 正十二角形は，どの辺の長さも角の大きさもみな等しい十二角形のことである。
公式を使って内角の和を求めると，
180°×(12−2)＝1800°
1 つの内角の大きさはこれを 12 でわればよいから，
1800°÷12＝150°

## ㉙ 多角形の角 ②　(本文 67 ページ)

**1** (1) どんな多角形も外角の和は 360°
正八角形なので，外角の大きさはすべて等しいから，
360°÷8＝45°

(2) 360°÷$n$＝20° より，
$n$＝360°÷20°＝18

**2** (1) 五角形だから，内角の和は，
180°×(5−2)＝540°
よって，540°−(120°＋95°＋135°＋85°)
＝540°−435°＝105° より，
∠$x$＝180°−105°＝75°
（別解）外角をすべて求めて，360° からひいてもよい。
∠$x$＝360°−(60°＋85°＋45°＋95°)＝75°

(2) 右の図のように，
∠$a$＝38°＋50°＝88° より，
∠$x$＝88°−42°＝46°

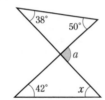

## ㉚ 合同な図形　(本文 69 ページ)

**1** (1) 辺 AB と辺 FG，辺 BC と辺 GH，辺 CD と辺 HE
辺 DA と辺 EF

(2) ∠A と ∠F，∠B と ∠G，∠C と ∠H，
∠D と ∠E

**2** (1) 辺 EF に対応する辺は辺 AB だから，
EF＝3.2 cm

(2) ∠D に対応する角は∠H だから，
∠D＝80°

〔ここに注意！〕

下の図のように，四角形 EFGH を移動させて考えるとわかりやすくなります。

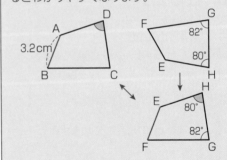

## ㉛ 三角形の合同条件　　(本文 71 ページ)

**1** (1) BC=EF または ∠A=∠D

(2) AB=DE または ∠C=∠F または ∠A=∠D

> ┌ここに注意！┐
>
> (1) BC=EF のとき,
> 3 組の辺がそれぞれ等しくなります。
> ∠A=∠D のとき,
> 2 組の辺とその間の角がそれぞれ等しくなります。
> (2) AB=DE のとき,
> 2 組の辺とその間の角がそれぞれ等しくなります。
> ∠C=∠F, ∠A=∠D のとき,
> 1 組の辺とその両端の角がそれぞれ等しくなります。
> ∠A=∠D の場合, 2 組の角がそれぞれ等しいので,
> 残りの 1 組の角も等しくなります。

**2** (1) △AOC≡△DOB　(2) △ABD≡△CBD

(合同条件)　　　　　(合同条件)

2 組の辺とその間の　　3 組の辺がそれぞれ等し
角がそれぞれ等しい。　い。

> ┌ここに注意！┐
>
> (1)対頂角だから, ∠AOC=∠DOB
> (2)BD は共通の辺だから等しくなります。

## ㉝ 三角形の合同の証明　　(本文 75 ページ)

**1** (1) CM

(2) △AMD と △FMC

(3) （証明）△AMD と △FMC において,

仮定より,

DM=CM ……①

対頂角は等しいから,

∠AMD=∠FMC ……②

AD∥BC より, 錯角は等しいから,

∠ADM=∠FCM ……③

①, ②, ③より, 1 組の辺とその両端の角がそれぞれ
等しいから,

△AMD≡△FMC

合同な三角形の対応する辺は等しいから,

AM=FM

## ㉜ 証明のしくみ　　(本文 73 ページ)

**1** (1) （仮定）△ABC≡△DEF

（結論）∠A=∠D

(2) （仮定）$x$ が 9 の倍数

（結論）$x$ は 3 の倍数

**2** （順に）BOD

OB

OD

BOD

2 組の辺とその間の角

BOD

> ┌ここに注意！┐
>
> 穴うめ問題で, 証明のしくみを理解しよう。証明す
> るときは, 仮定と結論を区別し, 根拠となることを
> 明らかにして結論を導く流れをつかむことが大切
> です。

## 📣 確認テスト ④　　(本文 76 ページ)

**1** (1) ℓ∥m より, 錯角は等しいから, ∠$x$=70°

三角形の外角は, それととなり合わない 2 つの内角
の和に等しいから,

70°=30°+∠$y$　∠$y$=70°−30°=40°

(答) ∠$x$=70°, ∠$y$=40°

(2) ℓ∥m より, 同位角は等しいから, ∠$x$=58°

右の図のように, 同位角は
等しいから, ∠$a$=78° 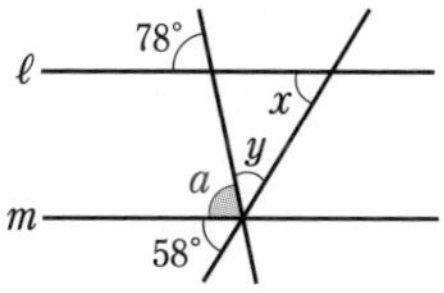
よって,
58°+∠$a$+∠$y$=180° より,
58°+78°+∠$y$=180°
∠$y$=180°−136°=44°　(答) ∠$x$=58°, ∠$y$=44°

**2** (1) 三角形の外角は, それととなり合わない 2 つの内
角の和に等しいから,

62°+∠$x$=126°　∠$x$=126°−62°=64°

(2) 180°×(4−2)=360° より, 四角形の内角の和は 360°

よって, ∠$x$=360°−82°−120°−78°=80°

**3** (1) 180°×(9−2)=1260°

(2) 正二十角形の内角の和は, 180°×(20−2)=3240°

1 つの内角の大きさはこれを 20 でわればよいから,

3240°÷20=162°

**4** (1) 2 組の辺とその間の角がそれぞれ等しい。 (2) 1 組の辺とその両端の角がそれぞれ等しい。

> **ここに注意！**
>
> (2)∠A は共通 ……①
> 　AC＝AD ……②
> 　∠BCA＝180°－∠A－20°
> 　∠EDA＝180°－∠A－20° より，
> 　∠BCA＝∠EDA ……③

**5** （証明）△ABD と △CDB において，
仮定から，
　AB＝CD ……①
　AD＝CB ……②
また，BD は共通 ……③
①，②，③より，3 組の辺がそれぞれ等しいから，
　△ABD≡△CDB
合同な三角形の対応する角は等しいから，
　∠ADB＝∠CBD

---

## ㉞ 二等辺三角形の性質 （本文 79 ページ）

**1** (1) ∠$x$＝（180°－42°）÷2＝69°
(2) ∠$x$＝54°＋54°＝108°

**2** (1) 　∠OBA＝∠OAB＝35°
三角形の外角は，それととなり合わない 2 つの内角の和に等しいから，
∠BOC＝35°＋35°＝70°
△BOC で
∠OCB＝（180°－70°）÷2
　　　＝55°
よって，∠ACB＝55°

(2) 　∠OBC＝∠OCB＝55° より，
∠ABC＝∠ABO＋∠OBC
　　　＝35°＋55°
　　　＝90°

> **ここに注意！**
>
> 二等辺三角形では，頂角，底角がどこかをはっきりさせましょう。

---

## ㉟ 二等辺三角形と証明 （本文 81 ページ）

**1** （証明）△AEB と △ADC において，
仮定より，AB＝AC ……①
また，D，E は AB，AC の中点だから，
　AE＝AD ……②
　∠A は共通 ……③
①，②，③より，2 組の辺とその間の角がそれぞれ等しいから，
　△AEB≡△ADC
合同な三角形の対応する辺は等しいから，
　BE＝CD

> **ここに注意！**
>
> △BEC と △CDB の合同を証明してもよい。
> （証明）△BEC と △CDB において，
> 　EC＝DB ……①
> 　BC は共通 ……②
> 二等辺三角形の底角は等しいから，
> 　∠BCE＝∠CBD ……③
> ①，②，③より，2 組の辺とその間の角がそれぞれ等しいから，△BEC≡△CDB

**2** （順に）C
BC
C

---

## ㊱ 二等辺三角形になる条件 （本文 83 ページ）

**1** (1) 　△ABC と △DEF で，∠B＝∠E ならば，
△ABC≡△DEF である。
(2) 　△ABC で，∠B＋∠C＝90° ならば，
∠A＝90° である。

> **ここに注意！**
>
> 〇〇〇ならば，□□□
>
> 逆 □□□ならば，〇〇〇

**2** （証明）∠B の二等分線だから，
　∠EBD＝∠DBC ……①
また，ED∥BC より，
　∠EDB＝∠DBC（錯角）……②
①，②より，∠EBD＝∠EDB
よって，2 つの角が等しいから，△EBD は二等辺三角形である。

## ③ 直角三角形の合同条件　(本文85ページ)

**1** （証明）△APM と △BQM において，

仮定より，

AM＝BM ……①

∠APM＝∠BQM＝90° ……②

対頂角は等しいから，

∠AMP＝∠BMQ ……③

①，②，③より，直角三角形の斜辺と1つの鋭角がそれぞれ等しいから，

△APM≡△BQM

合同な三角形の対応する辺は等しいから，

AP＝BQ

**2** （証明）△BAE と △BDE において，

仮定より，

BA＝BD ……①

∠BAE＝∠BDE＝90° ……②

BE は共通 ……③

①，②，③より，直角三角形の斜辺と他の1辺がそれぞれ等しいから，

△BAE≡△BDE

よって，∠ABE＝∠DBE となり，EB は ∠ABC を2等分する。

## ③ 平行四辺形と証明　(本文89ページ)

**1** （証明）△ABO と △CDO において，

平行線の錯角は等しいから，

∠OAB＝∠OCD ……①　∠OBA＝∠ODC ……②

平行四辺形の対辺は等しいから，

AB＝CD ……③

①，②，③より，1組の辺とその両端の角がそれぞれ等しいから，

△ABO≡△CDO

よって，OA＝OC，OB＝OD

（別解）△ADO と △CBO の合同を証明してもよい。

**2** （証明）△AOE と △COF において，

平行四辺形の対角線は，それぞれの中点で交わるから，

AO＝CO ……①

対頂角は等しいから，

∠AOE＝∠COF ……②

平行線の錯角は等しいから，

∠EAO＝∠FCO ……③

①，②，③より，1組の辺とその両端の角がそれぞれ等しいから，

△AOE≡△COF

よって，OE＝OF

（別解）△DOE と △BOF の合同を証明してもよい。

## ③ 平行四辺形の性質　(本文87ページ)

**1** (1)　平行四辺形の対角線は，それぞれの中点で交わるので，

AO＝CO だから，8 cm

(2)　BO＝DO で，BD＝24 cm だから，

BO＝24÷2＝12 (cm)

**2** (1)　平行四辺形の2組の対角はそれぞれ等しいので，

∠B＝∠D だから，∠$x$＝65°

(2)　△ABE で，∠$y$＝180°－65°－85°＝30°

（別解）平行四辺形のとなり合う角の和は180° だから，

∠BAD＝180°－65°＝115°

よって，∠DAE＝115°－85°＝30°

AD∥BE より，錯角が等しいから，

∠$y$＝∠DAE＝30°

## ⑩ 平行四辺形になる条件　(本文91ページ)

**1** （順に）CD

90

斜辺と1つの鋭角

CF

CFE

CF

1組の対辺が平行でその長さが等しい

┌─ ここに注意！ ─┐

四角形 AECF が平行四辺形である(結論)ことを証明するときは，証明の根拠として，四角形 AECF について平行四辺形の性質は使えません。仮定と結論を区別して考えることが大切です。

## ㊶ 特別な平行四辺形 　　　　(本文93ページ)

**1** (1) 長方形（対角線の長さが等しい。）
(2) ひし形（対角線が垂直に交わる。）
(3) 正方形（4つの角，4つの辺がすべて等しくなる。）

```
ここに注意！
```
長方形，ひし形，正方形
は，すべて平行四辺形の
性質をもっていること
になります。

**2** (証明) △ABC と △DCB において，
長方形の対辺だから，AB＝DC ……①
共通な辺だから，BC＝CB ……②
長方形の4つの角は等しいから，
　∠ABC＝∠DCB（＝90°）……③
①，②，③より，2組の辺とその間の角がそれぞれ等し
いから，
　△ABC≡△DCB
よって，AC＝DB
(別解) △ACD と △DBA の合同を証明してもよい。

## ㊷ 平行線と面積 　　　　(本文95ページ)

**1** (1) 底辺 BC が共通で，高さが等しいから，
　△DBC
(2) △AOB＝△ABC－△OBC
　△DOC＝△DBC－△OBC
(1)より，△ABC＝△DBC
　よって，△DOC

**2** BE を底辺とすると，高さが等しいから，
　△ABE＝△DBE
BD を底辺とすると，高さが等しいから，
　△DBE＝△DBF
DF を底辺とすると，高さが等しいから，
　△DBF＝△DAF
　　　　　　　(答) △DBE，△DBF，△DAF

## 🖐 確認テスト⑤ 　　　　(本文96ページ)

**1** (1) ∠$x$＝180°－68°×2＝44°
(2) 平行四辺形の対角は等しいから，∠D＝70°
　△CDE で，∠CED＝75°，∠D＝70° より，
　∠$x$＝180°－75°－70°＝35°

**2** (証明) △ABD と △ACE において，
仮定より，AB＝AC ……①　BD＝CE ……②
∠ABC＝∠ACB より，
　∠ABD＝∠ACE ……③
①，②，③より，2組の辺とその間の角がそれぞれ等し
いから，
　△ABD≡△ACE
よって，∠ADB＝∠AEC
2つの角が等しいから，△ADE は二等辺三角形である。
(別解) △ABD≡△ACE より，AD＝AE を示して証
明してもよい。

**3** (証明) 四角形 EBFD において，
ED＝$\frac{1}{2}$AD，BF＝$\frac{1}{2}$BC で
AD＝BC だから，ED＝BF ……①
また，AD∥BC だから，ED∥BF ……②
①，②より，1組の対辺が平行で，その長さが等しいか
ら，四角形 EBFD は平行四辺形である。

## 🖐 確認テスト⑤ 　　　　(本文97ページ)

**4** (1) イ　平行四辺形の対角線の長さを等しくすると，
　　　　　長方形になる。
　　ウ　平行四辺形の1つの角を90°にすると，長方
　　　　形になる。
　　　　　　　　　　　　　　　　(答) イ，ウ
(2) ア　平行四辺形のとなり合う辺を等しくすると，
　　　　　ひし形になる。
　　エ　平行四辺形の対角線が垂直に交わると，ひし
　　　　形になる。
　　　　　　　　　　　　　　　　(答) ア，エ

**5** (1) AC∥DE だから，AC を底辺とし，DE 上に頂点
　をもつ三角形をさがす。
　　　　　　　　　　　　　　　(答) △ADC
(2) 四角形 ABCD＝△ABC＋△ADC
　　　　　　　　　　＝△ABC＋△AEC
　　　　　　　　　　＝△ABE
　　　　　　　　　　　　　　　(答) △ABE

## ㊸ 確率の求め方　(本文99ページ)

**1** (1) $\dfrac{1}{6}$

(2) 偶数の目は 2，4，6 の 3 通りあるから，

$\dfrac{3}{6}=\dfrac{1}{2}$

> **ここに注意！**
> さいころの目の出方は全部で 6 通りあります。

**2** (1) $\dfrac{3}{5}$

(2) $\dfrac{2}{5}$

> **ここに注意！**
> 球の取り出し方は全部で，2＋3＝5（通り）

## ㊹ いろいろな確率 ①　(本文101ページ)

**1** (1) $\dfrac{1}{4}$　　(2) $\dfrac{2}{4}=\dfrac{1}{2}$

> **ここに注意！**
> (2) 2 枚の硬貨をア，イと区別すると，1 枚が表で 1 枚が裏になる場合は，右の表の△の印のついている部分で，2 通りあります。
>
> | 硬貨ア | 硬貨イ | |
> |---|---|---|
> | 表 | 表 | |
> | 表 | 裏 | △ |
> | 裏 | 表 | △ |
> | 裏 | 裏 | |

**2** (1) $\dfrac{6}{36}=\dfrac{1}{6}$　　(2) $\dfrac{4}{36}=\dfrac{1}{9}$

> **ここに注意！**
> 下のような表を書いて，あてはまるものを選びましょう。
>
> | 小＼大 | 1 | 2 | 3 | 4 | 5 | 6 |
> |---|---|---|---|---|---|---|
> | 1 | (1，1) | (1，2) | (1，3) | (1，4) | (1，5) | (1，6) |
> | 2 | (2，1) | (2，2) | (2，3) | (2，4) | (2，5) | (2，6) |
> | 3 | (3，1) | (3，2) | (3，3) | (3，4) | (3，5) | (3，6) |
> | 4 | (4，1) | (4，2) | (4，3) | (4，4) | (4，5) | (4，6) |
> | 5 | (5，1) | (5，2) | (5，3) | (5，4) | (5，5) | (5，6) |
> | 6 | (6，1) | (6，2) | (6，3) | (6，4) | (6，5) | (6，6) |

## ㊺ いろいろな確率 ②　(本文103ページ)

**1** カードの取り出し方は全部で，12 通り。

4 の倍数になるのは，12，24，32 の 3 通り。

よって，求める確率は，$\dfrac{3}{12}=\dfrac{1}{4}$

**2**

できる整数は全部で，16 通り。

(1) 偶数は 10，12，14，20，24，30，32，34，40，42 の 10 通りだから，求める確率は，$\dfrac{10}{16}=\dfrac{5}{8}$

(2) 3 の倍数は 12，21，24，30，42 の 5 通りだから，求める確率は，$\dfrac{5}{16}$

> **ここに注意！**
> 各位の数をたすと 3 の倍数になる数は，3 の倍数です。たとえば，2＋4＝6 で，6 は 3 の倍数だから，24 は 3 の倍数です。

## ㊻ いろいろな確率 ③　(本文105ページ)

**1** (1) $\dfrac{3}{6}=\dfrac{1}{2}$

(2) 2 個の赤球を 赤$_1$，赤$_2$，3 個の青球を 青$_1$，青$_2$，青$_3$ と区別して樹形図をかくと，

球の取り出し方は，全部で 30 通りある。

このうち 2 個とも赤球であるのは，2 通りある。

よって，求める確率は，$\dfrac{2}{30}=\dfrac{1}{15}$

> **ここに注意！**
> 同じ色の球は，区別して数えていくようにします。

**2** (1) $\dfrac{1}{5}$

(2) くじのひき方は，{ア，ハ$_1$}，{ア，ハ$_2$}，{ア，ハ$_3$}，{ア，ハ$_4$}，{ハ$_1$，ハ$_2$}，{ハ$_1$，ハ$_3$}，{ハ$_1$，ハ$_4$}，{ハ$_2$，ハ$_3$}，{ハ$_2$，ハ$_4$}，{ハ$_3$，ハ$_4$} で，全部で 10 通りある。

このうち 1 本があたりで，1 本がはずれであるのは，4 通りある。

よって，求める確率は，$\dfrac{4}{10}=\dfrac{2}{5}$

## 47 いろいろな確率 ④ （本文107ページ）

**1** (1) $\dfrac{2}{5}$

(2) 1の数が書かれたカードを取り出す確率は，$\dfrac{1}{5}$

よって，求める確率は，$1-\dfrac{1}{5}=\dfrac{4}{5}$

**2** (1) 1回目に6の目が出る確率は，$\dfrac{6}{36}=\dfrac{1}{6}$

よって，1回目に6の目が出ない確率は，$1-\dfrac{1}{6}=\dfrac{5}{6}$

(2) 2回とも2以下になる目の出方を考えると，

(1, 1)，(1, 2)，(2, 1)，(2, 2) の4通り。

よって，少なくとも1回は3以上の目が出る確率は，

$1-\dfrac{4}{36}=\dfrac{8}{9}$

> **ここに注意！**
>
> 「少なくとも1回は3以上の目が出る」場合とは，
> 「2回とも2以下の目が出る」とならない場合のこ
> とです。

## 48 四分位範囲と箱ひげ図 （本文109ページ）

**1** (1) データを小さい順に並べかえると，

16, 18, 19, 19, 22, 23, 24, 26, 27, 28, 30, 31

第2四分位数は，小さいほうから6番目と7番目の
値の平均値だから，

$(23+24)÷2=23.5$ (m)

よって，中央値は，23.5 m

第1四分位数は，小さいほうから3番目と4番目の
値の平均値だから，

$(19+19)÷2=19$ (m)

第3四分位数は，小さいほうから9番目と10番目の
値の平均値だから，

$(27+28)÷2=27.5$ (m)

(2) （四分位範囲）＝（第3四分位数）－（第1四分位数）
だから，

(1)より，$27.5-19=8.5$ (m)

(3)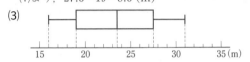

## 確認テスト ⑥ （本文110ページ）

**1** 大，小2つのさいころの目の出方は，全部で36通り。

(1) （大，小）＝(2, 1)，(4, 2)，(6, 3)

の3通りだから，求める確率は，$\dfrac{3}{36}=\dfrac{1}{12}$

(2) （大，小）＝(1, 5)，(2, 4)，(3, 3)，(4, 2)，(5, 1)

の5通りだから，求める確率は，$\dfrac{5}{36}$

**2**

```
A B    A B    A B    A B    A B
   2      1      1      1      1
  /3     /3     /2     /2     /2
1<4    2<4    3<4    4<3    5<3
  \5     \5     \5     \5     \4
```

取り出し方は全部で20通りある。

(1) $\dfrac{10}{20}=\dfrac{1}{2}$　　　(2) $\dfrac{4}{20}=\dfrac{1}{5}$

**3** (1) 5本のうち，2本があたりだから，$\dfrac{2}{5}$

(2)

ひき方は全部で20通りある。

$\dfrac{2}{20}=\dfrac{1}{10}$

## 確認テスト ⑥ （本文111ページ）

**4** 球の取り出し方は，

{白$_1$, 白$_2$}，{白$_1$, 赤$_1$}，{白$_1$, 赤$_2$}，{白$_1$, 赤$_3$}，{白$_2$, 赤$_1$}
{白$_2$, 赤$_2$}，{白$_2$, 赤$_3$}，{赤$_1$, 赤$_2$}，{赤$_1$, 赤$_3$}，{赤$_2$, 赤$_3$}

で，全部で10通りある。

2個とも白球である確率は，$\dfrac{1}{10}$

よって，求める確率は，$1-\dfrac{1}{10}=\dfrac{9}{10}$

**5** ア　四分位範囲は，$27-10=17$ (分)

イ　正しい。

ウ　中央値が17分である。平均値は箱ひげ図からは求
めることができない。

エ　中央値が17分であることから，通学時間が15分
以上の生徒は半数以上いる。よって，正しい。

以上から，正しいのはイ，エ

（答）イ，エ